トリノトリビア

鳥類学者がこっそり教える野鳥のひみつ

はじめに

図鑑を読むと、鳥のことはすべてわかっているような錯覚に陥る。しかし、これは錯覚だ。なにしろ図鑑をつくる側の鳥類学者が言うのだから間違いない。空を自由に飛ぶ鳥の生活の全容を捉えるのは不可能である。身近なスズメやツバメですら、いまだ謎に満ちた存在なのだ。

そんな鳥の楽しみ方には「見る」や「飼う」のほかに「考える」という方法がある。研究はその側面のひとつだ。仮説、実験、観察を組み合わせ、鳥の「未知」を考えるのは非常に楽しい。この本の半分では、そんな研究で得られた知見を紹介している。そして残り半分では、マツダユカさんが物言わぬ鳥たちに生き生きと生々しいセリフを与えてくれた。これも「考える」楽しみ方のひとつだ。

皆さんにはこのふたつの「考える」を一緒に楽しんでもらいたい。きっと次に鳥に出会ったとき、今までと少し違う視点で鳥を見られるだろう。行動の理由を想像するもよし、セリフをつけるもよし。そんなきっかけになれば幸いである。

鳥類学者　川上和人

マンガ家　マツダユカ

どうも、マツダです。まさかまさかの川上和人先生との共作！　という、我が身に余りすぎるたいへんに光栄なお話をいただき、有頂天外、吃驚仰天、顔面蒼白といった非常に心臓に悪い心持ちのまま今日を迎えてしまいました。

そもそも私にとって川上先生とは、言わずと知れた名著『鳥類学者 無謀にも恐竜を語る』を拝読して、その影響をもろに受けて書いたのが『始祖鳥ちゃん』という拙作だったりするくらい、つねにこちらから一方通行でお世話になりっぱなしの偉大な存在です。

日々こうした鳥を研究されている先生方の心ときめく研究成果を拝見しては「こんな面白トリビア、もっと世の中に広めんと！」という謎の衝動に駆られており、結果それが生き物と読者の皆さまを繋ぐ橋渡しとなっているのなら、こんなに嬉しいことはありません。

というわけで、本作でもなるべくわかりやすく、面白おかしく、知られざる鳥の世界をお伝えしたつもりです。ぜひ気軽に楽しんでくださると幸いです。

トリノトリビア鳥ずかん

スズメ

身近な小鳥といえば、
だれもが思いつく
町の野鳥代表。
ほおの黒いもみあげのような
模様がトレードマーク。
地面はピョンピョンと
ホッピング。

メジロ

鮮やかなグリーンに、
目の周りの
白い縁取りが印象的。
花の蜜が大好き。
よくみると、目つきが鋭く、
くちばしもとがっていて
野性味を感じる。

ツバメ

繁殖期に
日本にやってくる夏鳥。
軽やかにスピーディーに飛び、
飛んでいる昆虫を
空中で捕まえて食べる。
巣づくりは人のくらしの周辺。
春夏の風物詩。

シジュウカラ

黒い頭に白いほお。
枝から枝へせわしなく
飛び移る器用な小鳥。
ネクタイ模様は
オスが太くて、メスは細い。
シックな色と思いきや、
背中にはきれいな
オリーブ色の羽毛がある。

ムクドリ

黒っぽいからだに
黄色いくちばし。
畑や草地をてくてく歩いて
食べ物を探す。
ギュルギュル鳴いて
大きな群れで
ねぐらに移動。

ヒヨドリ

ボサボサ頭に赤らんだほお。
からだも大きめで、
声も大きめ。
ちょっと騒がしい
ところもあるので
ほかの小鳥に
迷惑がかかることも??
悪気はないのだろうけど。

ハシブトガラス

山林から市街地に
進出してきた、大型の鳥。
黒い武闘派のイメージだが、
その真実はいかに。
学習能力も高く、
記憶力もいい。
おでこが盛り上がって
くちばしが太い。

ハシボソガラス

すんでいる場所は
比較的カントリーサイド。
農耕地や河原などで
よく見られる。
ハシブトガラスより
くちばしは細めで、
からだも小さめ。
陸上の移動は、はねるよりも、
歩きたいほう。

ハヤブサ

小鳥たちが恐れる
高速のハンター。
絶壁の岩棚の
くぼみなどに
直接卵を産む
ワイルドな営巣をする。
しかして、
彼らの親族は意外にも……

カルガモ

日本では、
1年中見られるカモ。
くちばしの先の
オレンジの
ワンポイントが
トレードマーク。
水辺であれば、
川でも池でも見られる
水辺のご近所さん。

キジバト

単独かつがいでいることが多い。
デーデーポッポーと鳴く
どっしり感高いハト。
首の青灰色の
うろこ模様はとてもきれい。
飛び立つときなどに
「プウ」と鳴くことも。
いつも堂々とした態度には
懐の深さを感じる。

ドバト

種名はカワラバト。
もともとは中東やアフリカ、
ヨーロッパの
カワラバトが家畜化され、
それが再び野生化した。
日本には、だいぶ昔に
やってきた移入種。
駅前や公園の多数派。
年中恋愛中。

コサギ

頭からのびる冠羽、胸や
背中の飾り羽が優雅なサギ。
川面での動きも優雅。

モズ

かぎ型に曲がった
くちばしは肉食の証。
ときに小鳥も襲う
小さな猛禽。

アカゲラ

黒、白、赤、３色の
シックなキツツキ。
後頭部が赤いのは
オスだけ。

カッコウ

夏の渡り鳥。
さわやかに響く鳴き声は、
托卵相手には悪魔の歌声か。

カワセミ

高速で飛び、
ホバリングからの
ダイブで小魚を捕らえる。
水辺屈指の人気者。

カイツブリ

小さいカモと
いわれるけれど
別のなかま。
おしりがかわいい
潜水名人。

オオタカ

カラスほどの大きさのタカ。
繁殖期はキーキッキッキと
高い声で鳴く。好物は鳥。

ウミウ

黒いからだの
大きな水辺の鳥。
カワウとは
顔色が違う。
長良川でも
アユ捕りで活躍。

ウグイス

地味な見た目と
裏腹に美しい
声でさえずる。
日本の春の象徴。

もくじ

1章 いつも見かける気になるあいつ

2章 食べることとは、生きること

3章 鳥たちの恋愛事情

4章 育て！ 鳥の子

5章 けっこうすごい鳥のからだ

6章 鳥にまつわるエトセトラ

1章

いつも見かける気になるあいつ

スズメはほおの斑点が大きいほどモテる

スズメは、ハトやカラスと並んで、日本人にとってもっとも身近な鳥のひとつです。日本では小笠原諸島を除くほぼ全国に分布しているので、見たことがないという人はまずいないでしょう。スズメを見れば、みんなすぐにそれがスズメだとわかります。それはたぶん彼らのほおに、特徴的な黒い斑点があるからです。

日本にはもう1種スズメがいます。ニュウナイスズメという種類で、こちらはほおの斑点がありません。ヨーロッパに行くと、町ではイエスズメという種がよく見られますが、こちらもほおの斑点はありません。この黒斑は近縁の鳥同士で、自分のなかまを見分けるための目印になっているのかもしれません。

じつは、この黒い斑点は個体によって少しずつ大きさが違います。そしてオスでは、からだに酸素を取りこむ能力が高いほど斑点が大きいことがわかってきました。つまり、体力があって健康なオスほど大きな黒斑をもつということです。

一般に鳥は、メスがオスを選んでつがいになります。もしかしたらメスはつがい相手を決めるときに、より立派な斑点のオスを探しているのかもしれません。とはいえ、その大きさの違いはわずかなもので、人間の目にはなかなかわかりません。それどころか、外見ではオス、メスすら区別がつきません。彼らがどうやってお互いの性別を見分けているのか、不思議でしょうがありません。

つぶやき

日本と同じスズメはヨーロッパにもいるけれど、
町中よりも農耕地にくらしている。
町中にいるのは人なつこいイエスズメだよ。

ハトは本当は首を振っていない

駅前や公園などに行くと、ポッポポッポとハトが歩いています。彼らはせっせせっせと首を前後に振りながら歩いています。この歩き方には理由があるはずです。みなさんも首を前後に振りながら歩いて考えてみてください。やってみましたか？　きっとハトの気持ちが理解できなかったに違いありません。なぜならば、人間の目は前向きに、ハトの目は横向きについているからです。

目が前向きなら、歩いても見えている風景は徐々に近づいてくるだけです。しかし、目が横向きなら歩くにつれて風景が前から後ろに流れて行きます。そんな動いている視界の中で食べ物を探すのはたいへんでしょう。そこで編み出されたのが首振りです。

まず首を前に伸ばします。伸ばした先で頭の位置を固定してからだを前に引き寄せれば、視界の中の風景は動きません。そしてまた首を伸ばし、1歩を進めます。これなら視界が動くのは、首を伸ばす一瞬だけですみます。つまり、からだに対して首を振っているのではなく、空間に対して頭を固定しているのです。

鳥の視点を体感したい場合は、走っている車や電車の窓から外を見てください。そのままぼーっと見ていると風景はどんどん流れていってしまいますが、窓の中を流れる風景に合わせて首を左右に振れば、視界の中で風景が固定されるはずです。それが、ハトが見ている風景です。

つぶやき

首を振って歩くのはハトだけじゃない。
サギやニワトリ、セキレイ、ムクドリも首を振って歩くよ。
あしを交互に出して歩く鳥の特徴なんだ。

ウは防寒性・防水性よりも攻撃性を選んだ

水に浮かぶ鳥には、からだ全体がしっかり浮いている鳥もいれば、からだの後ろ半分が水に沈んでいる鳥もいます。カモは前者の客船タイプ、ウは後者の人魚タイプです。

水は皮膚から容赦なく体温を奪って、私たちの唇を紫色にします。しかし、紫色のくちばしのカモはいません。それは防寒対策が万全だからです。カモは撥水性の高い羽毛をもち、羽毛と皮膚との間に温かい空気を溜めています。彼らは浮遊時の快適さを重視した、防御型の戦略をとっているのです。一方のウは、防御よりも攻撃重視です。羽毛に空気を溜めると浮いてしまうので水に潜りにくくなり、鵜飼いのときに恥をかいてしまいます。潜水して魚を追いかけるウにとって、快適さよりも遊泳能力がたいせつです。このため彼らの羽毛は撥水性が低く、水になじみやすくなっています。

鳥の羽毛は、表面のとても小さな構造によって撥水性を得ています。そして、鳥は腰にある「尾脂腺《びしせん》」という突起から油分を出して羽毛に塗ります。この油分は羽毛の耐久性や防水性を高めていると考えられますが、ウの場合は尾脂腺があまり発達していません。ここでもやはりウの攻撃的な姿勢が垣間見えてきます。

撥水性の高いカモの羽毛は、水から出るとすぐに乾きます。しかしウの場合はそうはいきません。水辺には、杭などにとまり、翼を広げて乾燥させているウの姿がよく見られます。撥水性の低い羽毛は、びしょびしょで乾きにくいのです。

つぶやき
ウの羽毛が黒いのは、もしかしたら太陽熱を吸収して温めて、乾きやすくするためなのかもしれないね。

カラスのゴミ漁りは役立っている

街角でカラスがゴミを漁っています。散らかし放題のその姿に、几帳面な紳士淑女が顔をしかめます。黒衣で悪事を働くその姿は、さながらダース・ベイダーです。なぜそんな迷惑なことをするのでしょう。

カラスがゴミを食べるようになったのは、人間と共生しはじめてからです。なにしろ野生の王国にはゴミという概念はなく、彼らが食べていたのは小動物や果実、そして動物の死体でした。動物の死体を食べる動物を「スカベンジャー（屍肉食者）」とよびます。生態系のなかでは動物の死体は不要なゴミではなく、たいせつな資源です。肉や内臓はほかの動物の食物となり、または地中に吸収されて植物の栄養となります。獣毛や羽毛は巣の材料になります。ときには骨だって、鳥の巣材になります。

カラスは死体を見つけると集まって食べはじめます。鋭いくちばしで穴を開け、器用についばんでバラバラにするので、より非力な動物たちも利用しやすくなります。カラスのおかげで死体の分解は早まり、資源は効率よく生態系に還元されるというわけです。

カラスは空を飛ぶことで広範囲を探索し、すばやく死体を見つけられます。彼らのようなスカベンジャーがいなければ、自然のなかには死体があふれ、疫病が流行り、不衛生で不愉快な世界になるでしょう。そう思うと、カラスは散らかし魔なのではなく、むしろ自然界をきれいに保ってくれる掃除屋といえるのです。

つぶやき

動物の死体は、力の強い哺乳類や鳥がバラバラにし、
その食べ残しをまた別のものが食べて分解するといったように、
しだいに細かくされながら生態系に還元されていくんだ。

スズメのゆりかごは変圧器

スズメは、屋根のすき間、鉄骨のすき間、倉庫やガレージのすき間といった、町中にあるさまざまなすき間を巣に利用します。電柱の周りに巣をつくることもよくあります。電柱のパイプのような構造物や変圧器の箱に、草をたくさん運び入れ、じょうずに積み重ねていきます。

しかし、パイプや電柱についている箱は金属製で、直射日光も当たるでしょうから、夏はとても暑いでしょう。子育て環境としては、あまりよくなさそうな気がします。ではなぜ、そのような場所に巣をつくるのかというと、奥行きがあって入り口が小さい場所が、スズメにとってもっとも安全な場所だからです。

たとえば底面にしか穴が開いていない箱のような場所に巣をつくっても、スズメは翼をその場で羽ばたかせるホバリングをして、位置を微調整しながらじょうずに入っていくことができます。卵やひなをねらうハシブトガラスやハシボソガラス、オオタカ、ツミなどの猛禽類はホバリングができません。それに彼らは、木の枝などにとまっていないとくちばしを使う作業をこなせないので、穴からくちばしを入れることもできません。そもそも巣の入り口が小さければ、大きいくちばしは入りません。というわけで、ときにはびっくりするくらい狭い穴からスズメが出入りしていることがあります。鳥は羽毛があるので大きく見えますが、本体は見た目よりもけっこう小さいのです。

つぶやき

ビルの多い都市部にも、意外とすき間はあるもの。
春に草をくわえてすき間に入ろうとするスズメを見かけたら、
そこに巣があるかも！

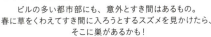

汚れたスズメは砂風呂に入る

人がずっと同じ服を着ていることを「着たきり雀」といいますね。スズメの年中変わらない姿になぞらえ、『舌切り雀』をもじった言葉でしょう。確かにスズメは一張羅を着っぱなしですが、年に一度は羽毛の生えかわりがあり、日々羽づくろいもしています。清潔であれば「着たきり」であってもなんの問題もないわけです。

そして、スズメは大のお風呂好き。池や川、ちょっとした水溜りなどで「水浴び」もしますし、砂を使った「砂浴び」もします。植木鉢や花壇、街路樹の根元を覆う砂や土に、浅いくぼみがいくつか並んでいることがあります。これが、スズメが「砂浴び」をした跡です。くぼみにすっぽりはまって翼を震わせ気持ちよさそうにしているさまは、砂風呂を楽しむ湯治客のよう。砂浴びや水浴びは、羽毛や皮膚の汚れを落とし、ハジラミなどの寄生虫を取り除くのが目的だと考えられています。ベランダのプランターに乾いた土を入れておけば、スズメが一風呂浴びにやってくるかもしれません。

ところで、私たちが海水浴に行って、砂浜を歩くと足が砂だらけになりますね。シャワーを浴びても、すぐに足に砂がついて厄介です。スズメは、砂場と水場がとなり合った場所があると、水浴びのあとで砂浴びをすることが多いそうです。びしょびしょやじゃりじゃりは気持ち悪くないのか、そして砂は汚れのうちには入らないのか。気になります。

つぶやき

カモやシギのなかまのように、
繁殖期に目立つ羽毛「繁殖羽」をもつ鳥は、
繁殖期のはじまりとおわりの、年に2回羽毛が生えかわるよ。

寒がるスズメは着ぶくれる

からだが小さいと熱を蓄えておくことが難しいので、小鳥類が寒い冬をしのぐのはたいへんです。哺乳類であれば、冬には皮下脂肪を大量に蓄えることができるのですが、鳥にとっては脂肪は飛ぶのにじゃまなお荷物で、それもあまりできません。そこで役に立つ防寒具が羽毛です。

気温が下がると鳥は、羽毛とからだの間に空気をいっぱい含ませて、ふくらんだ羽毛のなかに脚をしまいます。こうすると空気による断熱効果が働き、温かく過ごせるのです。子どものころ、体操服に両足を入れてE.T.ごっこをしませんでしたか？　表面積を小さくしてむき出しだった脚を服で包んだとき、温かだったはずです。この、人間でいうE.T.ごっこ状態の、ふっくらした姿を表したのが「ふくら雀」という言葉です。気候によってはあしゆびまで羽毛で覆うときと、あしゆびを出すときがあります。ふくらみ方も気温に応じて、ちょっとだけふくらむときと、胴体部がまんまるになるまでふくらむときがあります。

シジュウカラやスズメに比べると、ヒヨドリは気温が高めのときでもあしゆびを羽毛に埋もれさせることが多いので、寒がりなのかもしれません。一方メジロやエナガでは、1本の枝に2~10羽がおしくらまんじゅうのように密集することで暖をとることがあります。これがいわゆる「めじろ押し」です。

つぶやき

あしゆびは、足の指のこと。鳥はつま先立ちの状態で立っていて、脚の中ほどの「く」の字に曲がっているところがかかと。かかとから、あしゆびのつけ根までを跗蹠（ふしょ）というよ。

カラスは遊んで生き残る

カラスは鳥のなかでも、とくに頭がよいといわれます。道具の利用もしますし、それと並んでよく話題になるのは、カラスが遊ぶ姿です。ある日歩いていると、ハシボソガラスが逆さに電線からぶら下がっていました。マトリックス風に銃弾を避けて転んだ可能性も否定できませんが、おそらくは遊んでいたのでしょう。ほかにも、滑り台を下りたり、風に乗って転げ回ったりという遊びが観察されています。

「遊び」とは実生活にはむだな行動です。遊べば食物を探す時間も、宿題をする時間も減ります。むだな動きで捕食者に見つかりやすくなります。新しいことを考えるには脳にエネルギーが必要ですし、遊びはコストがかかるばかりで利益がないように見えます。

一方で、遊びは未知の行動を試す行為で、好奇心の発露ともいえます。もし環境に大きな変化が起き、いつもの食物やいつもの巣場所がなくなったらどうなるでしょう。経験に固執する保守的な鳥は、そこで死に絶えるかもしれません。しかし、好奇心の強い鳥なら、未経験の食物や行動を試して生き延びる道を開拓するかもしれません。実際、カラスは都市という新たな環境で新たな食物を開発することで繁栄し、イノベーションの力を見せつけてくれています。

カラスも人間も遊びが大好きです。時間の浪費にも見える姿は、来るべき変化の時代を生き抜く勇者の姿かもしれません。だから、私が遊んでいても責めないでください。

つぶやき

カラスのなかまには、道具を使うものがいるんだ。
カレドニアガラスは、木の枝をじょうずに使って、
穴の中の昆虫などを引っぱりだして捕らえるので有名。

オナガは西日本から消えた

黒いメットの青い鳥。東京では住宅街でもめずらしくないオナガですが、西日本では馴染みがありません。なにしろオナガは国内では愛知以東にしかいません。私も東京ではじめて見て、ロボコップを彷彿させる近未来的な容姿に興奮を禁じ得ませんでした。

じつはオナガは１９４０年代までは関西に、１９７０年ごろまでは九州北部にもいました。この鳥は東京の住宅地でも生活できるので、ほかの地域でも生息できる環境はあったでしょう。理由はわかりませんが、彼らの分布は20世紀に大きく変化したのです。

一方で亜麻色の頭に白いからだのアマサギは、日本全国の農耕地でふつうに見られるサギです。彼らは１００年ほど前には関東と大阪、長崎、沖縄の周辺などでしか見られない鳥でしたが、オナガとは逆に20世紀中に分布を拡大しました。

アフリカからアジアの熱帯・亜熱帯域が中心だったアマサギの分布は、20世紀に世界的に広がりました。１９４０年ごろにはアフリカから大西洋を渡って南北アメリカ大陸に、アジアの集団はオーストラリアに進出しています。その勢いたるや韋駄天のごとく、自力の分散でもっとも急速に分布を広げた鳥といわれています。

自然環境は、人間生活や気候の変動に合わせて常に変化しています。鳥たちもそれに合わせて分布を変えます。身近に見られる鳥たちの分布も、もしかしたら今世紀末にはまた変わっているかもしれないのです。

つぶやき

400年ほど前に朝鮮半島から移入されたといわれるカササギも、
分布を変えつつある。佐賀平野を中心に生息していたけど、
近年は熊本や長崎、福岡でも広く見られるよ。

シジュウカラは小首をかしげて警戒する

シジュウカラやスズメなどの小鳥が、小首をかしげているところを見たことはないでしょうか。たまらなくかわいいこのしぐさ、胸がキュンキュンしてしまいますよね。でもこれはなにも、「かわいい」にだまされやすい人間を悩殺しようとしているのではありません。むしろこのとき、彼らにとって人間など文字どおり眼中にありません。

私たちが周囲になにか危険がないか警戒するとき、首を動かし、眼球を動かして、あらゆる方向を見渡そうとします。でもじつは鳥たちは、私たち哺乳類と違って眼球をあまり動かすことができません。多くの鳥は目が頭の横についていて、左右の方向を広く見ることはできます。では、鳥たちにとって脅威となる上空からの捕食者の攻撃にはどう対処しているのか……。そう、首を曲げることで横についている目を上に向けるのです。片目は上空でもう片目は地面を見ているので、どんなふうに見えているのか気になりますが、とにかくこれで上空への警戒はバッチリです。もうおわかりかと思いますが、このしぐさはかわいい小鳥だけの専売特許ではなく、カラスだって、コガモだってクサシギだって行います。

もうひとつ、首をかしげてかわいい鳥といえばフクロウがいますが、これは耳の穴をあちこちに向けて音の発生源を正確に捉え、獲物の位置を特定しようという、えらく攻撃的なしぐさです。

つぶやき

ほかの動物を捕らえて食べる肉食の鳥は、両目が正面を向いているものが多い。獲物を立体的に捉えられて、ねらいやすいんだ。

キツツキは脳に損傷を受けるほど木をつつく

林の中で耳をすますと、タラララララという木琴のような音色が聞こえてきます。これはキツツキのドラミングです。日本には、コゲラやアオゲラ、アカゲラなどがすんでいて、彼らは鳴くかわりに木を叩き、ほかの個体とコミュニケーションをはかっています。

また、キツツキは木をつつくことで穴を開け、木の中深くに隠れている昆虫を捕まえます。キツツキの舌はとても長く、口の中に収まりません。ふだんは口の中から首の横を抜けて、後頭部から頭上へ、くるりと頭蓋骨を1周しています。先端には粘着性の唾液とトゲが装備され、エイリアンの口吻のごとく伸びて虫を追いつめるのです。

彼らは1秒間に20回の猛スピードで木をつつき、穴をうがちます。その衝撃は交通事故レベルともいわれ、キツツキが脳震盪を起こさないのはなぜか、興味をそそられます。木とくちばしの接触時間が１０００分の1秒と短くて衝撃が少ない、脳が頭蓋骨にピタリと収まって揺れにくい、頭蓋骨の一部がスポンジ状なので衝撃が分散される、顎や首のマッチョな筋肉が衝撃を受け止めて緩和する、などがその理由とされています。

しかし最近、キツツキの脳は、やはり衝撃による損傷を受けているという研究が発表されました。「タウタンパク質」という、アルツハイマー型認知症の主要原因物質ではないかといわれる物質が、ほかの鳥より多く溜まっているというのです。それでもなお、つつき続ける彼らは、ジョーやロッキー並みのファイターなのです。

つぶやき

キツツキは、木の幹に縦にとまることが多いよ。
木につかまる爪は鋭く曲がっていて、
硬い尾羽でもからだをしっかり支えるんだ。

ヒヨドリの飛行は省エネ型

鳥も種類によって飛び方がいろいろです。スズメはパタパタせわしなく羽ばたき、カワセミは高速で羽ばたいて一直線に飛び、ツバメは空中でひらりひらりと弧を描いてすばやく飛びます。サギのなかまはゆったりと羽ばたき、ワシやタカはあまり羽ばたかずに上空の風に乗って旋回します。遠くに鳥を見つけたときは、形や大きさ、見つけた場所という情報に加え、その飛び方を見ることでも種類をしぼりこむことができます。

大きな声ゆえに、やや悪目立ちするヒヨドリは、飛び方も特徴的です。少し羽ばたいて上昇し、翼を閉じて弾道飛行、短く羽ばたいて上昇したら、また弾道飛行……これをくり返す「波状飛行」です。キツツキのなかまやセキレイのなかまも同じ飛び方。一定のリズムで上昇下降をくり返す、リズミカルで美しい飛行です。波状飛行は、短い羽ばたきで得た推力を、空気抵抗の少ない「気をつけ」の姿勢で最大限に利用する方法です。からだが小さい鳥が速いスピードで飛ぶときに、比較的エネルギー消費を抑えられる利点があると考えられています。ただし、小回りがきくのは羽ばたき飛行のほうで、鳥それぞれ、適した飛び方があるということでしょう。

波状飛行では、推進力を得るために力強く羽ばたかなければなりません。そういえば鳥って、飛び立つときに一声鳴くことが多いのですが、もしかして力みすぎてつい声が出てしまっているのかもしれませんね。

つぶやき

上昇気流や風を利用すると、
大きな鳥でも少ないエネルギーで飛べるよ。

シジュウカラは鳴き声で会話する

シジュウカラのオスは、春になると枝先などにとまって「ツツピーツツピー」とよく響く声でさえずり、求愛したり、ほかのオスに対してなわばりを主張したりします。「ツピーツピー」「ピーツツピーツツ」などと、バリエーションが多いほどメスにモテます。器用でかしこい＝生き残る力があるオスということなのでしょう。

繁殖期のさえずりではない、ふだんの鳴き声を「地鳴き」といいます。シジュウカラは地鳴きの種類も多く、なかま同士会話をしていることが知られています。たとえば子育て中、天敵の警戒は重要です。親鳥はハシブトガラスが近くにいると「チカチカ」という甲高い声を出し、アオダイショウがいたら「ジャージャー」と鳴きます。ひなは「チカチカ」のときにはからだを低くしてカラスをやりすごそうとし、「ジャージャー」のときにはいっせいに巣から飛び出します。ヘビが来たら、とにもかくにも飛び出すほうが生き残れる確率は高まるのです。

繁殖期が終わると、シジュウカラは数羽から十数羽の群れで生活します。ここでも声によるコミュニケーションが盛んで、群れからはぐれたときや食べ物を見つけたときなどは「ヂヂヂヂ」と鳴いて、「集まれ！」と呼びかけます。「ピーツピ」は「警戒しろ！」という意味。さらに「ピーツピ、ヂヂヂヂ」と続けると、「気をつけて集合」となります。つまり彼らは、2つの単語を組み合わせた「二語文」をも使いこなしているのです。

つぶやき

オーストラリアにすむクリボウシオーストラリアマルハシなども、
音を組み合わせた言語を使っている。
ヒトが知らないだけで、鳥は案外複雑で多様な会話をしているかもよ。

スズメの寿命は1年以内？

１９９０年代、きんさんぎんさんという１００歳の双子姉妹が出演したテレビＣＭが話題になりましたが、このたびぎんさんの娘さんが１００歳になり、お母さんと同じＣＭへの出演を果たされたのだとか。

昔に比べてぐんと延びているヒトの寿命。対して、鳥の寿命はどうでしょうか？　まずは最高寿命を見てみましょう。鳥の世界では、大きい鳥ほど長生きです。野生の鳥で最高齢記録をたたき出したのはコアホウドリという海鳥で67歳。飼育されている鳥では大型のインコ・オウム類、猛禽類、ダチョウのなかまが長寿で、最高齢は80歳以上ともされています。「鶴は千年」というだけあり、ソデグロヅルも飼育下で83歳という記録があります。スズメやカラ類など小鳥のなかまは短命で、いずれも10～15歳です。

次に、平均寿命を見てみましょう。中型から大型の鳥だと、平均寿命は20年以内というものがほとんど。スズメくらいの大きさだと野生では2年程度です。ただし、鳥は生まれてから1年以内に天敵に食べられたり、寄生虫などの病気にかかったり、はたまた事故、渡りの過酷さ、冬の寒さや飢餓のために、その大部分が死んでしまいます。スズメのひながようやく巣立とうかというときに、巣のそばでカラスが待ちかまえていることだってめずらしくありません。何歳まで生きられるかということ以前に、野生の世界では大人になることが、まずもってたいへんなことなのです。

つぶやき

67歳のコアホウドリは、ウィズダムと名づけられたメス。
じつは2018年現在も存命で最高齢記録更新中。
現役で卵を産んで子育てもしているスーパーお母さんなんだ。

ハクセキレイは飛ばなくていいなら飛ばない

ハクセキレイは、近年、都市部で増えている鳥です。白っぽいからだにピコピコ動く長い尾羽が特徴ですが、「ほら、駐車場とかでチョコマカ走っている細長い鳥だよ！」といったほうが伝わりやすいかもしれません。ハクセイキレイは流麗な体型で、それほど飛ぶのが苦手そうでもありませんが、よく地面を歩きまわっています。

じつは、鳥にとっても飛ぶことはたいへんなエネルギーを使う移動方法。飛んでばかりいては疲れるので、ハクセキレイにかぎらず、多くの鳥は飛んでいる時間より、地面や木の上にいる時間のほうが圧倒的に長いのです。ハクセキレイはたまたま人の足下で見かけることが多く、その上、走ってはとまり、走ってはとまりと動作が目立つので「鳥なのに飛びもしないで歩いてばっかり」という印象が強いのでしょう。

ハクセキレイは、基本的に足を交互にくり出して移動する「ウォーキング」で移動し、スズメのようなピョンピョンはねる「ホッピング」はあまり行いません。脚も、あしゆびも長いので、大股でも安定して速く歩くことができます。早足で歩いては、昆虫などの小動物を見つけて捕まえます。ときには人間が落としたパンなどを食べることもあります。そうした食べ物は都会でも競争が激しいようで、最初は走って食べ物を目指していたハクセキレイが、スズメたちが飛んで向かうのに気づくやいなや、飛び立つこともあります。飛んだほうが早いのは、彼らもよくわかっているようです。

つぶやき

ハクセキレイは、以前は夏に北海道や本州の北部で繁殖し、そのほかの地域では冬鳥だった。今では西日本にも分布を広げて繁殖するようになったので、よく見かけるようになったんだ。

カラスは嫌がらせでタカを追いかける

オオタカやトビのような猛禽類を、カラスが集団で鳴きたてながら追い回すことがあります。カラスたちは本気でやっつけようとしているのではありません。嫌がらせして追い払おうという魂胆で、この行動は「モビング（擬攻撃）」とよばれます。

多くの動物にとって、むだな争いはできるだけ避けたいもの。カラスはからだも大きいし、大勢でかかってくるので、追われる側としては「相手にしたら疲れるし、あっちに行こう」となるのです。ときには虫のいどころが悪かったのか、オオタカが反撃に出てカラスを蹴散らすことがありますが、やはり深追いはせずに飛び去ります。本気を出したらタカが強いに決まっていますが、峰打ちでとどめるのも、むだな争いで消耗しない知恵なのかもしれません。モビングではありませんが、カラス同士で追いかけっこすることもあります。カラスはよく遊びをする鳥なので、鬼ごっこではしゃいでいるだけかもしれませんし、狩りの練習のような意味合いがあるのかもしれません。

カラス以外の鳥もモビングをします。ワシやタカ、木の枝で寝ているフクロウに、周辺の鳥たちがいっせいにモビングを行うことがあります。シジュウカラでは、巣に近づく敵に対してモビングを行う際、前年に近くになわばりをもっていたような顔見知りの個体同士が協力し合うことが多いそうです。日ごろのご近所づきあいがいざというときに身を助けるのは、人間社会にかぎった話ではないようです。

つぶやき

シジュウカラの巣の近くにいると、
人間でもモビングされることがあるよ。

カラスはアリを浴びてきれいになる

鳥はきれい好きで、しょっちゅう水浴びや砂浴びをします。小さなスズメも大きなトビもバッシャンバッシャン、カモだって水に浮かびながらバッシャンバッシャン。一生のほとんどを飛んでいるアマツバメだって、高速で飛びながら水面を滑るようにして水浴びします。水や砂を浴びるのは、羽毛の間に水や砂を通して、汚れや、ダニやハジラミなどの寄生虫を落とすためです。

青みがかったつややかな黒髪のことを「鳥の濡羽色」といいますが、カラスの羽毛は光の加減で青や緑、紫色に見えるきれいな構造色です。カラスももちろん、羽毛の手入れは入念で、水や砂だけでなく、まれに昆虫のアリを浴びる「蟻浴《ぎよく》」をすることで知られています。アリの巣の上にどっかと座りこみ、全身にアリをたからせ、ときにはアリをくわえたまま羽毛をすいて、まんべんなくこすりつけます。これは、アリが攻撃のために出す蟻酸などの化学物質を利用して、寄生虫を駆除する行動だと考えられています。ときおりびくっと動くのは、蟻酸を出すほど怒ったアリにかまれたのかもしれません。恍惚に震えているわけではないと思いますが、それはカラスにしかわかりません。

ちなみにカラスは煙を浴びることもあります。雨上がり、お風呂屋さんの煙突のてっぺんにとまり、もくもく出る煙に翼をかざす姿が見られています。これも寄生虫を、煙によっていぶして退治しているなどと考えられていますが、なぞの多い行動です。

つぶやき

煙浴は、濡れた羽毛を乾かすためという話も。
煙の中にいてむせないのかな……

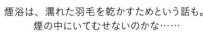

スズメはついつい鳴いてしまう

チュンチュン鳴くスズメの声に起こされる、なんて一日のスタートをきれたらすてきですね。鳥は一般に早起き。スズメは日の出より少し前の早朝に鳴きはじめます。とはいえ、カラスはそれより早い時間から、山や森ではアカハラやキビタキ、ルリビタキなどが、まだ暗いうちから鳴きはじめます。比べるとスズメは少し寝坊気味です。

朝以外でよく鳴くのは夕方。繁殖が終わると、河原のヨシ原や街路樹に集まってねぐらをつくります。このねぐら入りの直前がとてもにぎやかで、「ぺちゃくちゃぺちゃくちゃ」といっせいに声を上げ、互いの声を聞いてるとは思えないほどです。しかし、ある時点で一転急に静かになります。おやすみ3秒を体現したかのような静まり方です。

スズメの鳴き声といえばチュンチュンですが、それ以外の声でも鳴きます。繁殖期は、抱卵中の母親が、ひなに似たシリシリシリという声を出して「餌をもってきて」と父親をせかすことがあります。また巣の中で卵やひなの面倒をみていた親が、戻ってきたもう片方の親に、周りに気をつけるよう、強く短い声で警戒をうながすこともあります。

身近な鳥スズメですが、じつは鳴き声の研究は進んでおらず、どのような意味で鳴いているかは、まだ十分にわかっていません。小声でごにょごにょとつぶやくような「ぐぜり」という鳴き声を出したり、飛び立つときにちょっと鳴き声がもれてしまったりすることもあります。ききみみ頭巾があれば、意味がわかっておもしろいでしょうね。

つぶやき

チュンチュンはスズメが１年中鳴いている「地鳴き」。
「さえずり」は、チュンチーチュイーンと長く複雑に鳴くよ。
春先の高らかに鳴く声も聞いてみてね。

ウグイス類は声は違えど姿は同じ

ウグイスは、ホーホケキョで親しまれている日本のソウルバードです。北海道から沖縄まで広く分布していて、その鳴き声を聞けば、誰もが春の訪れを予感します。そんな特徴的な声とは裏腹に、褐色の姿は、とくに際立ったものがありません。鳴き声からすてきにきらびやかな鳥を想像してしまうと、若干がっかりしてしまうかもしれません。

ウグイスのなかまにムシクイという鳥がいます。日本ではセンダイムシクイやメボソムシクイ、エゾムシクイといった種が見られます。みんな外見がよく似ていて、やはり特徴のない褐色の小鳥です。しかし、互いを識別できなければ、鳥自身にとっても不利益になるはずです。このため、彼らには別種かどうかを判別するための別の特徴があります。それが鳴き声です。センダイムシクイは「チヨチヨビーィ」、エゾムシクイは「ヒーツキー、ヒーツキー」、メボソムシクイは「ジュリジュリジュリジュリ」と鳴きます。一般的に外見に差がない鳥の場合は、鳴き声に大きな違いが出やすいのです。

じつは日本で繁殖するメボソムシクイのなかに、「ジジロジジロ」と鳴くものがいました。最近そのDNAを分析した結果、別種とわかり、今ではオオムシクイという別の和名でよばれています。姿があまりにも似ていて、同じ種だと誤解されていたのです。

ウグイスのなかまを姿だけで見分けるのはなかなか骨が折れます。その麗しい声に耳を傾けることが、彼らの正しい楽しみ方なのです。

つぶやき

動物の鳴き声を人間の言葉に置き換える「聞きなし」という遊びがあって、センダイムシクイは「焼酎一杯グィー」、エゾムシクイは「日、月」、メボソムシクイは「銭取り、銭取り」と聞きなしされるよ。

トリノアレコレ ①

トリ、世界に羽ばたく

鳥ってどんな生きものでしょう？　くちばしがあり、羽毛があり、卵を生み、２本脚で歩き、祖先は恐竜……何より最大の特徴は、空を飛ぶことです。

　鳥のからだは、飛ぶためにさまざまな進化をしてきました。まず、飛行に重要な役割をもつのが、翼に生えた風切羽という長い羽毛です。羽毛は抜けたり傷ついたりしても生えかわる、再生可能な組織。翼は多くの羽毛からできていて、羽毛の１枚１枚の角度を変えてすき間をつくれば空気抵抗を調整でき、扇子のように閉じたり広げたりすることで面積も変えられます。そして鳥は飛ぶために、からだを徹底的に軽くしてきました。羽毛が軽いのはもちろん、骨も軽くて、上腕骨やくちばしの骨の壁はうすくて中空です。さらに翼や後ろ足の一部は複数の骨がくっついて、骨の数が少なくなっています。

　ユーティリティの高い前足が、飛ぶための翼になったかわりに、鳥はくちばしを器用に使います。虫をつまんだり、堅い種子を割ったり、肉を引き裂いたり、草を編んで巣にしたりと、なんでもこなします。こうしたさまざまな飛ぶためのからだの改革こそが鳥のアイデンティティです。

　鳥は飛行能力を駆使して地球のあらゆるところに進出し、なかには時速70㎞で走るダチョウや、海中を自在に泳ぐペンギンのような、飛ばない形に進化をとげ、繁栄している種もいます。町にも山にも、熱帯や寒帯にも、南極、北極、はては海の上まで、環境に合わせて姿形や行動を特殊化させたのです。

2章

食べることとは、生きること

カラスはときに吸血鬼になる

夜な夜な黒いマントをひるがえして現れ、人の生き血をすするのは、ご存知ドラキュラ伯爵です。ところが同じく黒い姿で、こちらは昼日中に堂々と生き血をすするものがいます。ハシブトガラスです。雑食性のハシブトガラスですが、一部になんと吸血行動をとるものがいるのです。北海道の十勝地方では、乳牛の乳房の血管をつついて流血させ、血をなめる一群が見つかっていますし、盛岡の動物園では飼育されているニホンジカの背中をつつき、傷つけて吸血する現場も目撃されています。

血液は完全栄養食です。栄養分をからだの隅々まで運ぶ血液は、銀行に向かう現金輸送車みたいなものです。ドラキュラ伯爵もヤブカも、このことに気づいた知恵者なのです。ハシブトガラスは動物の毛をむしって巣材にすることがあり、そんなときに偶然にじんだ血を舐めたことが、吸血をはじめるきっかけになったのかもしれません。

ちなみに世界には、ほかにも5種の吸血鳥がいます。ガラパゴス諸島にいるハシボソガラパゴスフィンチと2種のマネシツグミ類、アフリカにいる2種のウシツツキ類です。吸血鳥というといかにもおそろしげですが、吸血鳥になるために必要なのは、じつは適度な「弱さ」です。なにしろ強い鳥なら相手の肉まで食べる肉食者になってしまうので、吸血なんていう面倒なことはしません。適度な弱さと、傷つけても追い払われない無頓着な相手を見つける狡猾さが、吸血鳥になるための必須条件なのです。

つぶやき

ガラパゴス諸島の吸血鳥は海鳥やイグアナから、アフリカのウシツツキ類は、その名の通りウシなどから吸血するよ。

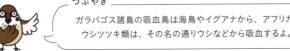

メジロの舌は二枚舌

ペロ ペロ
ペロ ペロ
いいなー
メジロくんのくち
ミツ吸い
やすそうだなー
ペロ ペロ〜…
ぼくもあんなくちだったらなーー…
・・・ん？
ウマウマァ〜…
シャァァァ…
キリッ
やっぱ今のままでいいや!!

花の蜜は栄養満点です。植物は花粉を運んでもらうための報酬として花から蜜を出します。メジロやヒヨドリは蜜が大好物で、顔につく花粉をものともせずにせっせと花を訪れます。壺の蜂蜜ばかりなめている黄色いクマさんにも見習ってほしいものです。

みなさんは鳥の舌を見たことがあるでしょうか。鳥には歯がないので、舌は口の中で食べ物を扱うための唯一の道具です。鳥のくちばしの形はとても多様ですが、舌は食べ物に合わせて、それ以上に多様な形に進化しています。メジロやヒヨドリの舌の先は、まるでブラシのようにフサフサに枝分かれしています。花蜜を効率よくなめるため、表面積を増やしているのです。同じく蜜を好むハチドリではストローのような管状になっていて、毛細管現象で吸い上げます。

ミミズを食べるトラツグミや魚を食べるサギでは、舌のつけ根の両側に矢じりのような大きな逆向きのトゲがついています。ぬるぬるする獲物を落とさずに喉の奥に送りこめるのは、このトゲのおかげです。鳥の中でも一、二を争う変わった舌をもつのは、ペンギンです。彼らの舌はまるで地獄絵図の針の山のようにトゲだらけです。舌だけでなく口内の天井部分もトゲだらけで、食べられた魚にとって、そこはもうアイアン・メイデンです。動物園でペンギンがあくびをしていたら、ぜひご覧ください。生まれ変わっても、南極海の魚にだけはなるまいと心に誓うことでしょう。

つぶやき

アイアン・メイデンは、中世ヨーロッパの拷問道具。
人型の枠の内側にトゲがいっぱいついているおそろしい道具だよ。

カラスはクルミの大きさを一瞬で見分ける

オニグルミを割って食べるハシボソガラスの姿は、秋の北日本の風物詩です。オニのように堅いオニグルミの殻は、くちばしでつついたぐらいでは割れません。そのため、ハシボソガラスは高所から落としたり、走る車にひかせたりしてオニグルミの殻を割ります。さらには信号機のしくみを理解したのか、信号が赤に変わったタイミングで、信号待ちの車のタイヤの前にクルミを置きにいくものまで現れました。クルミは油脂分が多く栄養価が高いので、寒い時期にはよい食料になるのだと思われます。

そんなかしこいハシボソガラスですが、クルミへの情熱はクルミを選ぶ際にも発揮されるようです。4gから10gまで、重さがちがう6個のクルミを円形に並べて置いてカラスに選ばせる、という実験が行われました。すると多くのハシボソガラスがクルミをちょっと見まわしただけで、一番重い10gのクルミに向かいました。つまり、実際にもってみる前に、一番重いものがわかっているようなのです。

クルミは重いほど大きいので、当然6個のなかで一番大きいクルミを選べばよいわけです。ですが、クルミは脳みそみたいにしわしわしていてどれも同じ形ではありませんし、なにしろ重さが1gずつしか違わないのですから、大きさの違いだってほんのわずかなものです。それにも関わらずハシボソガラスは、重いクルミから順に選んでもち去るのです。ちょっとした超能力。まさに違いのわかる鳥ってやつですね。

つぶやき

よく人が食べるクルミ（シナノグルミ）に比べて、
オニグルミの殻はめっぽう堅いよ。

カワラヒワは異常なほどヒマワリが好き

ヒマワリは、真夏の太陽エネルギーを目一杯受けて花を咲かせ、たくさんの種子を実らせます。栄養価の高いヒマワリの種は動物たちに大人気で、ハムスターだって、メジャーリーガーだって、もちろん鳥だって大好きです。とくにスズメ、ヒヨドリ、キジバト、カラ類といった鳥たちがヒマワリの種を好んで食べます。

鳥のなかで、おそらくもっともヒマワリへの執着が強いのがカワラヒワです。ヒマワリの種子が熟しはじめてから収穫後まで、毎日欠かさずヒマワリ畑にやってくる姿が観察されたこともあります。食べる際は、花の上側から下に向かってきれいに食べ進め、完全に花が下を向いてしまっても、器用にとまって端から端まで食べ尽くします。これはスズメやキジバトにはまねできない技巧のようです。

カワラヒワは種子をくわえると、まずくちばしの間でくるくると水平に回しながら、皮をじょうずに取り除きます。カワラヒワのくちばしは、縦にも横にも太くて丸っこい形です。とはいえ先端はちゃんととがっています。堅い種子を割って食べるのに必要な力強さと、繊細な切断作業をこなす能力を兼ね備えた形だと思われます。プラモデルのランナーからパーツをパチパチと切り離すには専用のニッパーを使いますが、あの使い心地に近いかもしれません。そんなくちばしなので、カワラヒワにかまれるとわりと痛いです。

つぶやき

カワラヒワはピリリピリリと鳴くよ。少しだけふたまたに分かれた尾羽や、翼の黄色いワンポイントもかわいらしい。

ササゴイは道具を使って魚を釣る

水辺にたたずむサギの姿は日本の原風景のひとつで、多くの日本画のモチーフにもなっています。目立つのはシラサギとよばれるダイサギやチュウサギ、コサギなどですが、それ以外にもゴイサギやアオサギなど灰青色のサギもしばしば見られます。

ササゴイは、そんな灰青色のサギの一種で、夏に本州、四国、九州で繁殖し、冬は九州より南の地方で越冬します。背中にササの葉のような模様の羽毛が並んでいるのが名前の由来です。あまり群れることはなく、岩の上でポツンと小魚を見つめる姿は、侘び寂びを感じさせます。

そんな彼らの特技は餌釣りです。小魚や昆虫などを水面に浮かべ、そこに寄ってきた魚を捕らえます。小枝や自分の羽毛を疑似餌として使うこともあります。この知的な捕食行動は、日本だけでなく、アメリカや東南アジアなどのササゴイでも見られます。

一方で、東京の不忍池のコサギやダイサギ、ゴイサギなどは、くちばしで水面をつついて昆虫が空中から落ちてきたかのような波紋をつくり、そこにおびき寄せられた魚を捕まえます。アメリカのクロコサギは、翼をドーム状に広げて日陰をつくり、やはりそこに寄ってきた魚を採ります。

追うのではなく、追わせて捕まえるサギたちの狩り。それはまるで恋愛の極意のような高等テクニックなのです。

つぶやき

サギはふだん首をＳ字型にたたんでいて、離れたところにいる獲物を捕らえるときに、一気に伸ばすんだ。

メジロは花の蜜を盗みとる

世の中は等価交換が原則です。荷物を届けてもらうには対価を払う、それは自然界でも同じことです。たとえば、果実は果肉を鳥に提供し、かわりに種子を運んでもらいます。花は花蜜を提供して花粉を運んでもらうのです。

花粉の運び屋はミツバチだけではありません。身近によく見られるメジロやヒヨドリは代表的な花粉媒介者として活躍しています。冬になるとツバキの花に顔をもぐりこませ、くちばしや目先を黄色い花粉にまみれさせています。その姿はアメ食い競争に熱中する小学生のごとしです。

沖縄や小笠原諸島でも、メジロが花に集まる姿が見られます。亜熱帯の島々らしく、彼らは真っ赤なハイビスカスに集まります。しかしハイビスカスの花は奥が深く、頭を突っこんでも蜜のある場所までくちばしが届きません。これではただで花粉を運ばされるだけで等価交換になりません。ハイビスカスとメジロの信頼関係は、前者の裏切りにより崩壊したのです。やられたらやり返すのが世の道理。ランボーもハンムラビ法典もそういっています。メジロたちは花の正面を避け、つけ根近くを横からつついて穴を開けて蜜を盗み吸うようになりました。こうして花と鳥の蜜月は終わりを迎えました。

沖縄に行くことがあれば、ぜひハイビスカスの花の横に開いた穴を探してみてください。それはメジロによる、報復のキスマークなのです。

つぶやき

ハンムラビ法典は、紀元前18世紀ごろに制定された成文法。
メソポタミアに興亡した古代文明がつくりあげてきた法典の集大成だよ。
「目には目を、歯には歯を」で有名。

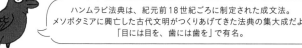

カモは水面でふるえながら食事する

水面に群れるカモは、冬の水辺の風物詩。夏はカルガモを見かけるくらいですが、冬にはさまざまな種類のカモが北の国から渡ってきて芋洗いの様相です。水面にいればネコやイタチなどの天敵に襲われる心配が少ないからでしょうか、町中の公園では人が多いのですぐに人なれするのでしょうか、あたりを警戒するようすもなくのんきに浮かんでいるカモたちは、見ているこちらをものんきな気持ちにさせてくれます。

さて、期日さしせまった仕事をすっかり忘れておだやかな気持ちで池のカモを見ていると、水面すれすれに首を伸ばして小きざみに振り動かしたり、自分の尾を子犬のようにぐるぐる追ったりするカモに気づくかもしれません。なんとも不可思議な動きですが、彼らはべつに引きつけを起こしているわけではなく、水面に浮いた食べ物を食べているところです。いったん食べ物を水ごと口の中に含んでから、くちばしを振って水だけ出す作戦で、水面に浮かぶ藻などのプランクトンや小動物を食べるのです。とくにハシビロガモのくちばしは、縁がくしのようになっていて、食べ物をこしとるのに向いた形をしています。その名の通り、ほかのカモより明らかにくちばしがはば広いので、見ればすぐにわかると思います。

水面で採食するカモはこんなふうに牧歌的な食事風景を見せてくれますが、スズガモやホシハジロなど潜水性のカモはアグレッシブで、泳ぎながら貝やエビを捕らえます。

つぶやき

カモのなかまの換羽は年２回。日本に渡ってきたばかりは、
雌雄とも地味だけれど、換羽するとオスは派手な羽毛になるんだ。
換羽ですべての風切羽が同時に抜け、飛べなくなる時期があるよ。

ハトはちゅうちゅう水を飲む

水を飲むとき、前あしが器用なヒトは、コップを使ったり、ストローで吸ったり、山の清水はあえて手ですくってワイルドさを味わったりします。ほかの哺乳類の多くは、水に舌を差し入れて器用にすくって飲むのが王道のようです。しかし鳥は、哺乳類のような器用に動く柔軟な舌はもちません。しかもくちばしは堅くて、吸いこむ形にはすぼまりません。鳥はおもに、くちばしで水をすくってから上を向いて、喉に流しこむように飲みます。スズメなどは一度にすくえる量が少ないのでしょう、何度も水に口をつけては上を向くということをくり返します。ぺこぺこおじぎをしているようで、見ていて心なごむ光景です。

そんな鳥のなかではめずらしく、水にくちばしを入れたまま飲めるのがハトです。くちばしを水に深めに差し入れ、口の中に吸い上げて飲みます。ストロー式といっていいでしょう。

鳥は飛ぶためにからだを軽量化したいので、余計な重量物はからだに残しておきたくはありません。水分も生活するために必要な量をとるにとどめたいところです。だから水分は食べ物から得て、足りない分を飲みます。ハトやスズメなどの種子食の鳥は、食べ物に含まれる水分が少ないので、より水を飲みたくなるのでしょうか。よく水を飲む姿を見ることができます。

つぶやき

飛んでいることが多いツバメは、
口を開けて水面すれすれを飛びながら水を飲むよ。

スズメの消化は砂だのみ

スズメやハトが地面をつついていたら、小さな種子でもついばんでいるのかなと思うでしょう。でもよく見ると、たまに砂を口にしていることがあります。

鳥は、哺乳類のような歯が生えていません。くちばしで食べ物をくわえたら、ほとんど丸飲みです。子供のころから「30回かんで食べろ」といわれてきた人間には信じがたい行為ですが、そのかわり鳥は胃を2つもっています。

丸飲みした食べ物は、まず食道の途中にある「そ嚢《のう》」に届きます。そ嚢は一時的に食べ物を貯めておく器官です。次に1つめの胃「腺胃《せんい》」に運ばれ、ここから消化がはじまります。「腺胃」で消化液と混ぜられた食べ物は、続いて強力な筋肉でできた2つめの胃、「筋胃」に運ばれます。種子や貝などの堅いものをよく食べる鳥だと、筋胃の内壁にすり鉢のようなひだがあって、ゴマを摺るようにゴリゴリこすりあわせて食べ物を粉砕します。ここに飲みこんだ砂や小石が加わることで、さらに細かく粉砕されるわけです。それで、筋胃は「砂嚢《さのう》」ともよばれます。お肉売り場でいうところの砂肝ですね。

植物の種子には糞といっしょに排出されることで、分布を広げるものがあります。ドバトやキジバトなど砂嚢が発達した鳥に食べられたら、念入りにすりつぶされてしまって食べられ損なのではと思ってしまいますが、小さな種子なら破壊されずに胃をすり抜けることがあるようです。うまくできています。

つぶやき

砂嚢でも消化できずに、口から吐き出したものを「ペリット」というよ。
ペリットを調べると鳥がなにを食べているかがわかる。
鳥類学者にとってだいじな研究資料だ。

果物好きのヒヨドリはおなかがゆるい

冬、かわいいメジロをよぼうと、庭やベランダにミカンなどを置いておく方もいることでしょう。しかしたいていの場合その目論見ははずれて、メジロはヒヨドリに追い払われ、ミカンもヒヨドリに独占され、庭やベランダはヒヨドリの独擅場に早変わりです。そう、ヒヨドリは果実が大好き。庭や畑のカキやリンゴ、街路樹や生垣のツルウメモドキ、ネズミモチ、ナナカマドなどの実も好んで食べます。

鳥はとくに赤い実や黒い実を好んで食べます。そもそもこういった植物は、果実や種子が鳥に食べられることを期待して、鳥が好む色の実をつけているのだと考えられています。鳥の糞に自分の子孫をまぎれこませて遠くへとばらまく作戦です。霊長類以外の哺乳類は、２色型色覚といって色を見わける錐体《すいたい》細胞の種類が少ないため、色があまりわかりません。一方で鳥は４色型で、より鮮やかな世界を見ています。赤や黒の果実は、哺乳類はあまり相手にせず、鳥をひきつけるように進化したと考えられます。

とはいえ、果実を食べてもらっても完全に種子が消化されてしまうと、植物にとっては食べられ損です。そこで、そういった植物は、実や種にちょっと毒をもっていることがあります。その毒があるせいでヒヨドリはおなかがピーピーして、消化前に種を排出することになります。植物がヒヨドリに下剤入りの食物を用意……と、考えると、ちょっとヒヨドリがかわいそうになりますね。

つぶやき

ヤドリギの果実はちょっとやっかい。レンジャクなどの好物だけど、ねばねばのべとべとで、糞をすると消化されなかった種子が残ったねばねばで数珠つなぎになって、おしりからぶらさがるんだ。

モズのはやにえはなわばりアピール？

モズは、昆虫から小鳥までいろんなものを襲う小さな猛禽、小鳥界屈指のハンターです。モズといえば、捕らえた獲物を生贄のようにあちこちに設置する「はやにえ」でおなじみです。はやにえにする生き物は、昆虫類、ムカデ、ミミズ、カエル、ドジョウ、小鳥、ネズミ、アブラコウモリなど多彩です。姿形がまちまちな獲物を、細い木の枝先に串刺しにしたり、小枝の股に押しこんだり、フェンスの合わせ目やビニール紐のさけ目にはさむこともあります。野山で生き物の干物を見つけたら、ちょっとぎょっとしてしまいますね。

はやにえは秋や冬に見つかることが多いのですが、それは秋や冬には木が葉を落とすから見つかりやすいというだけの話で、実際は春から夏の繁殖期にも行います。巣の近くの木に若いスズメなどを刺しておき、少しずつひなに与える姿も目撃されています。とすると、モズにとってはやにえは、一時的な食料置き場くらいの認識なのでしょうか。でも、はやにえが放置されてミイラ状態になっていることも多々あり、主目的はなわばりのアピールではないかという説も否定できません。

また、興味深い例として、アメリカオオモズが毒をもつバッタを棘に刺したまましばらく放っておき、解毒されたころに食べたという報告も。解毒との因果関係はまだはっきりわかっていないようですが、意図してのことだとしたら、かなりかしこいですね。

つぶやき

鵙の贄（もずのにえ）は秋の季語になっているよ。
キーキッキという高鳴きや放置されたはやにえは、
物寂しさを感じさせるね。

シジュウカラはカタツムリでカルシウム補給

背が伸びるからといって牛乳を勧められても、若干の違和感があります。これは牛の子供が飲むものじゃないのかい？　おそらく鳥もそう思っているのでしょう。彼らはカルシウム不足を補うために牛を襲ったりはしません。

鳥のメスにはカルシウムが不可欠です。なにしろカルシウム製の殻をもつ卵を産まねばなりません。それなら、卵ではなく赤ちゃんを産めばよいと思う人もいるでしょう。たしかに、ヘビにも魚にも卵を産まずに直接子供を産む「卵胎生」の種がいます。しかし、飛行のためにからだを少しでも軽くしたい鳥としては、長い妊娠期間を過ごすよりも、卵に子供を封じこめて、早く体外に出したいのです。

そこでハトやカモ、キジなどのなかまのメスは、卵を産む前に、骨の中にカルシウムを蓄えることにしました。鳥の脚や翼の骨は軽量化のため中が空洞ですが、この時期には骨髄骨《こつずいこつ》というスポンジのような骨を内部につくり、産卵に備えるのです。

ただしスズメ目の小鳥にはこの骨はありません。彼らは繁殖期になると、ふだんは食べないものをあわてて食べはじめます。ヒタキやミソサザイ、コマドリのなかまなどはワラジムシやムカデを、シジュウカラやセキレイのなかまはカタツムリの殻をたくさん食べます。人間はフランス料理でカタツムリの中身を食べますが、鳥にはカルシウム豊富な殻のほうが必要なのです。カタツムリが減ると、鳥も減ってしまうかもしれません。

つぶやき

骨髄骨は恐竜にもあったよ。ティラノサウルスの化石で、オスかメスか判定するのに利用されているって、知ってた？

スズメはシジュウカラから食べ方を学ぶ

冬の間、餌台にヒマワリの種や牛脂や落花生を置いておくと、シジュウカラがやってきてせっせと食べてくれます。ここに、ただ餌をあげるだけでは飽き足らず、落花生の殻に糸を通して木の枝からぶらさげ、観察記録をとった人がいました。シジュウカラは、いろいろな方法で落花生を食べたそうです。糸をたぐり寄せて枝まで落花生をもち上げ、足で落花生を押さえて殻を割ったり、つり下げられた落花生の殻にぶらさがって、殻を食い破ったり。カラ類は、小鳥界でも有数の器用者なのです。

この庭には、スズメもやってきていました。最初は、落花生には手をつけずにシジュウカラをじっと見ていましたが、しだいにシジュウカラのまねをして食べようと試みはじめます。しかしなかなか、落花生を割ることはできません。シジュウカラとスズメでは、骨格のバランスやくちばしの大きさ、体重、握力、得意な姿勢、得意な動きが違います。シジュウカラをそっくりまねるのは難しかったのでしょう。

ところがそれから3年後。ついにスズメが、糸にぶらさがって落花生の殻を割り、中のピーナッツを食べることに成功しました。このとき庭に来るスズメは3羽で、得意技がそれぞれ違っていたようです。シジュウカラから学んだ技に加え、互いに技を学びあったことが成功に結びついたよう。どうやら鳥は、なかまからも、違う種からも、採餌や繁殖に有用な情報を学習しているらしいということが、少しずつわかってきています。

つぶやき

イギリスでは、かごに落花生を入れてシジュウカラをよぶ餌づけがよく行われている。イギリスのシジュウカラは人が与えた餌を食べやすいよう、くちばしが短期間で長くなったという研究があるよ。

カラ類は食べ物を埋めたくてしょうがない

アメリカでは、収集癖のある人や、モノを捨てられずに溜めこむ人のことをパックラット（つめこみネズミ）とよぶそうです。パックラットはウッドラット属のげっ歯類の総称で、その名の通り、小枝や小さいゴミなどを地中の巣にじゃんじゃん大量に貯めこみます。なかにはかなり古い時代から使われている巨大な貯蔵庫もあるそうです。

鳥界のパックラットといえばカラ類です。なんでも溜めこむというわけではありませんが、秋になるとあちこちで、ヤマガラやコガラ、ゴジュウカラが、エゴノキやスダジイ、イチイなどの果実を集めては、地面や木の幹のすき間、樹皮の下などに埋めています。「貯食」とよばれる行動で、すぐに取り出して食べることもあれば、しばらく置いておくこともあります。

なかにはそのまま忘れられてしまうものもありますが、これはむだになるわけではなく、忘れられた種子は春になると芽を出します。少しでも遠くに種子を運んでもらいたい樹木にとっては悪くない種子散布の方法です。

カラ類でもとりわけ貯食が好きなのがヤマガラです。「埋めこみたい」「取り出したい」癖が強く、物をつかむ、くわえる、たぐりよせるといった器用さももちます。そんな習性を利用して、昔はヤマガラが芸人（芸鳥）だった時代がありました。「おみくじひき」「水汲み（つるべ上げ）」などの芸で、お祭りなどで親しまれていたそうです。

つぶやき

パックラットの古い貯蔵庫は、昔の北アメリカにどんな植物が生えていたかを知る手助けとなっているらしいよ。

能あるタカは爪を使う

よーし息子よ狩りの練習だ
これをカモの首だと思ってつかんでみろ!!
これ
はーーい
爪をうまく使えよ
えいっ
あ〜平気だわー
バサ
バサ
カッ
これくらいなら逃げれるわー
おりゃおりゃ
グエエーーッ!!
ぐい
ぐい
ぐい
ニりゃダメだあーー死ぬーー!!!
お父さん別にカモ役やらなくていいよーー
なんでだよ
臨場感大事だろこういうのは

「行儀が悪いから、そんな食べ方をしてはいけません！」

足でおかずをつかんで食べていたら、お母さんに怒られるか雑技団に放りこまれるかのどちらかです。しかし、タカのなかまは作法などどこ吹く風と、足で獲物を捕らえます。オオタカはウサギを、ミサゴは魚を、トビはアブラアゲをつかんで飛んでいきます。

一方でカラスやカモメは、足を使わずに口にくわえて飛んでいきます。こちらはサザエさんに追いかけられそうですが、彼らは足に獲物をつかんで飛ぶのが苦手です。その違いは、爪の形にあります。タカやフクロウなど足でつかむ鳥の爪は、弧を描いて湾曲しています。そのおかげで対象をしっかりとホールドできるのです。

鳥の爪を見れば、種によって形が違うことがわかります。枝にとまるシジュウカラの爪は、曲がっている方が枝をつかみやすいので湾曲しています。垂直な木の幹を自由に歩き回るキツツキは、さらに爪がフックのように湾曲しています。逆に地上をよく歩くハトの爪はまっすぐです。草原にすむヒバリは、後ろ向きの指の爪が指と同じぐらい長く伸びています。足の表面積を広げて、地上での安定感を高めているのでしょう。

爪やくちばしのように外部のものと直接触れる部分は、対象に合わせて独自に進化しやすいのです。ちなみに、タカはどんなに頭がよくても爪を隠すことができません。もしも爪を隠せるタカに出会ったら、それは多分ネコの見間違いです。

つぶやき

鳥のあしゆびもさまざま。
多くは前向きに３本、後ろ向きに１本だけど、
キツツキは前向きに２本、後ろ向きに２本だよ。

ホンセイインコは容赦なく桜を落とす

「フードファイター」という大食いや早食いの方々の食べる勢いには、なかなかのすごみを感じます。桜が満開の時期になると上野公園などには、鳥界のフードファイター、大食いエキスパートが現れます。それがホンセイインコです。桜の花を落とす鳥としてはスズメが有名ですが、じつはホンセイインコもかなりのものです。花を根元から引きちぎって、そのつけ根にあるわずかな蜜を吸い、ぽいぽい捨てていきます。

最近都市部で増えているからだが大きい緑色のインコで、ホンセイインコとよばれたりワカケホンセイインコとよばれたりしますが、後者は亜種名で同じ鳥のことです。ペットショップではツキノワインコという通称がついていることもあります。もともとはインドやスリランカに生息する鳥ですが、世界中でペットとして飼育され、それが野生化するという現象が起こっています。日本では1970年代ごろから東京を中心に目撃されるようになりました。群れで飛び回っていることが多く、鳴き声もキュイーとかキュキュキュキュといった特徴的な音色で、しかも大きい声なので、すぐにわかります。

とりわけ夕方、ねぐら入りするときはうるさいくらいです。寝る場所をめぐってもめている声だという説もあります。植物がおもな食べ物で、花も芽も葉っぱも、柔らかい果実も堅い実も、じょうぶなくちばしでなんでもこいです。高い木の洞《うろ》などを営巣場所として好むようです。やはり、よく食べる鳥は生命力も強いのかもしれません。

つぶやき

暖かい地方の鳥なのに、日本の冬も平気なんだね！

トリノアレコレ ②

渡り鳥のヒミツ

鳥には子育てをする「繁殖地」と、冬を過ごす「越冬地」の間を移動する「渡り」をするものがいます。そうした渡り鳥には、ツバメのように春から秋までを繁殖のために日本で過ごし、暖かい南の国で越冬する「夏鳥《なつどり》」と、反対に多くのカモ類のように冬に越冬のためにやってきて、繁殖は日本より北の国で行う「冬《ふゆ》鳥《どり》」がいます。渡りをする鳥たちは、ひなを育てるのに、また冬を越すのに十分な食料を効率よく手に入れるために移動すると考えられています。

スズメのように、1年中ほぼ同じ場所にいる「留鳥《りゅうちょう》」もいます。ヒヨドリのように留鳥の集団と渡りをする集団、両方いる鳥もいます。「旅鳥《たびどり》」は日本より北の繁殖地と日本より南の越冬地で渡りをし、途中の日本に立ち寄る鳥です。しばし羽を休め、また旅立つ旅鳥には一期一会を感じます。

小鳥など、からだが小さくて追跡装置をつけるのがむずかしい鳥では、まだ渡りのルートがわかっていないものもいます。わかっているものでは、冬鳥のコハクチョウは、北海道とロシアの北極圏の間のおよそ3000㎞を旅し、夏鳥のハチクマは日本とインドネシアの間を、大陸を伝っておよそ1万㎞を旅します。なかには南極と北極の間を行き来するキョクアジサシや、ときには8000m級の山を越えるアネハヅルなどもいます。シギやチドリのなかまには、飲まず食わずで渡りをするために、消化器官が小さくなるものもいます。渡りは、長い距離を短時間で移動する「飛行」を身につけた、鳥らしい生活スタイルです。

3章

鳥たちの恋愛事情

タマシギは喉にホルンをもつ

春から初夏にかけ、夜の水田でコーコーと鳴く声が聞こえたら、それはタマシギかもしれません。暗いので姿は見えませんが、カエルの合唱を背景によく通る大きな声で鳴き、異性にアピールしています。

この鳥は雌雄の役割が逆転しており、メスが鳴いてオスを誘い、オスが卵を温めてひなを育てます。子育てをオスに任せたメスは別のオスと恋をして産卵し、また子育てを任せます。小動物を好んで食べる彼女らは、まさに肉食系女子なのです。

タマシギのメスの声には秘密があります。ふつうの鳥の気管は口から肺にまっすぐつながりますが、タマシギの気管はホルンのように喉でとぐろを巻きます。鳥は気管の奥の鳴管で発声しますが、タマシギは延長された気管のおかげでよい声が出るのです。

ニューギニアのナキカラスフウチョウのオスの気管はさらに長く、全長30㎝のからだに75㎝の気管を格納しています。長い気管は喉にしまいきれず、胸の上で5周の渦を巻きます。長い気管で胸骨を振動させ、肺や気嚢などの空間を共鳴箱として、声を響かせていると考えられています。ホルンにバイオリンを足した一人オーケストラです。

大きな声は、大きなからだを予想させます。つまりこれは、大きなからだへの〝擬態〟といえます。恐れをなした捕食者はブレーメンを前に尻尾を巻き、健康な伴侶を求める異性にはモテモテです。里の音楽家は、恋愛戦線でハートを射抜くスナイパーなのです。

つぶやき

オスとメスでからだの色が異なる鳥では、オスのほうが目立つ色合いである場合が圧倒的に多いけれど、タマシギはメスのほうが目立って、オスが地味なんだ。

ウグイスには歌の師匠が必要

ウグイスのさえずりといえば「ホーホケキョ」。それに通称〝谷渡り〟とよばれる「ケキョケキョケキョケキョ」という鳴き方もあります。「チャッチャッ」という鳴き声も出しますが、これはさえずりではなく地鳴きといって、地味で小さな声です。

歌名人のような扱いをされるウグイスですが、ヒタキのなかまやモズなどに比べると、じつはさえずりのレパートリーは多くありません。一発屋だけど何十年もその歌だけで食べていける歌手みたいなものでしょうか。持ち歌「ホーホケキョ」をさえずるのはオスだけ。そしてウグイスは一夫多妻です。ホーホケキョをうまく歌えれば、なわばりを維持し続け、多くのメスを身の回りに置いておくことができます。つまり、さえずりのうまいへたはオスにとって死活問題。クオリティに磨きをかけることを怠りません。

以前、某流浪の番組で変わったレコードの特集が組まれ、ウグイスのさえずり名人（名鶯）のさえずりレコードも取り上げられました。昔、日本に鳥がたくさんいた時代には、人々は気軽にウグイスやメジロを飼い、鳴き声のよさを競う遊びが盛んでした。

野生の若いウグイスは、周囲のベテランオスのさえずりを聞いて鳴き方を学習するのですが、ひなのころから人の手で育てられたウグイスはそうはいきません。たいていは、ほかの飼育されているウグイスを先生にしていました。レコードがこの世に登場したときに、「これだ！」と考えたアイデアマンがいたのでしょうね。

つぶやき

江戸時代にはウグイスをはじめ、さまざまな鳥が飼育されていた。
現在は、日本では野鳥の飼育は禁じられているよ。
ウグイスもだめなんだ。

モズはものまねでハートを射抜く

二枚舌といういい印象はありませんが、百枚ともなればたいしたもの。モズは「百舌鳥」と漢字で書くとおり、いろいろな声音を出せる鳥です。モズの声といえば、秋に「キチキチキチ……」と鳴く「高鳴き」が印象的ですが、繁殖期には、ほかの鳥のさえずりをまねすることが知られています。庭の木からオオヨシキリの「ギョシギョシ、ギョウギョウシ」の鳴き声が聞こえてきた直後に、同じ場所でヒバリの「ピーチク、ピーチク……」というさえずりがはじまってびっくりということがあります。そんなときは、一呼吸おいて「モズか！」とツッコミを入れるまでがお約束です。

ほかの鳥だと、キビタキがコジュケイやツクツクホウシのような鳴き方をしたり、カケスがサシバやクマタカなど猛禽類の鳴きまねをしたりします。さえずりを行うのはスズメ目スズメ亜目に属する種で「鳴禽類《めいきんるい》」ともよばれますが、じつは鳴きまねをする鳥は、世界中の鳴禽類の約20％にも及ぶそうです。鳴きまねができる鳥は、まねをインプット、アウトプットする発達した脳と、複雑な声を出すための器官をもちます。そして、年をとっても学習を続けるタイプの鳥だといわれています。

ではなぜ、別の種のさえずりをまねするのでしょうか。メスにモテるためというのがひとつの説です。まねする鳥の多くでは、レパートリーが多いほどモテるといわれています。ほかにも、複雑な鳴き声でライバルを追い払っているとする説もあります。

つぶやき

モノマネの１つもできると
女子ウケするということか……

カモは別種とも恋に落ちる

似た生物を同種とするか別種とするかは、生物を分類する上での永遠のテーマです。交配が可能なら同種、交配できなければ別種という基準を聞いたことのある人もいるでしょう。これは生物学的種概念という考え方ですが、実際には、繁殖可能かどうかで分類するのがむずかしい場合が多く、最近ではあまり使われなくなってきました。

現実的には、野外で雑種の個体を見ることは、ほとんどありません。異種でつがいになれば同種との繁殖機会が減りますし、雑種の子供は、羽毛の色や模様が中途半端となり、異性からあまりモテないでしょう。野生動物にはそんな不利益な行動をする余裕はないのです。

しかし、カモは違います。冬になると、マガモにコガモにオナガガモ、一つの池に10種ものカモが集まることもあります。よく探してみると、2種の特徴をもつ個体が見つかることもめずらしくありません。カモのなかまはなぜか雑種ができやすいのです。マガモとカルガモの雑種である、通称「マルガモ」をはじめ、さまざまな組み合わせの個体が見られます。

カモのオスは、種によってまったく異なる姿をしています。しかし、メスはどれも似たような褐色の羽衣で、バードウォッチャーを困らせます。その姿は、本人たちにとっても見分けづらいのかもしれません。

つぶやき

カルガモは、雌雄で同じような姿をしているよ。
メスは背中の後ろのほうの羽毛に白い縁取りがあって、オスは縁取りがうすく目立たない。個体差もあるから見分けはむずかしいね。

キジバトはぐるぐる回って愛を伝える

鳥が異性に求愛する方法としては、まず、大きな声で複雑に鳴くさえずりが挙げられます。美しい羽毛で異性の目をひく鳥もいれば、食べ物をプレゼントする鳥もいますし、オーストラリアのフウチョウのなかまのようにダンスを踊ったり、ニワシドリのように小屋をつくって周りをかざったり、鳥によって異性へのアピール法はさまざまです。

美しくも涙ぐましい努力を重ね、自分の子孫を残そうと奮闘する鳥たちですが、なかには「ゆったりと飛ぶ」という大物の風格漂う求愛をする鳥がいます。キジバトです。駅前や公園で群れているドバトと違い、羽毛の色や模様に個体差がありません。みな青灰色のからだで、首に青と白のしま模様があります。おもに単独かつがいで行動していて、「デデーポーポー」などと鳴きます。「ヤマバト」という人もいますが、町中でも見られます。キジバトは、人間や車が近づいてもなかなか逃げないことが多く、ふだんから小さいことは気にしない大物感ある鳥です。

求愛のための飛行は「ディスプレイ・フライト」といって、キジバトの場合、ある程度の高さまで羽ばたいたら、翼を開いた滑空の姿勢でゆっくりと旋回しながら降りてきます。その姿は、まるでフィギュアスケートのアラベスクスパイラルのよう。ぱっと見はただ飛んでいるだけで地味なのですが、よく見ると優雅で美しい滑空です。キジバトがぐるりと滑空しているのを見つけたら、彼らの恋の行方に思いをはせてみてください。

つぶやき

ハチクマというタカのディスプレイ・フライトは、からだを起こし、先がつくくらい両翼を上げて飛ぶスタイル。オオジシギは鳴きながら舞い上がり、羽音を立てて急降下するスタイルだ。

キツツキは大音量で愛を叫ぶ

キツツキという種名の鳥はいません。それどころか○○キツツキという名前の鳥さえ、日本にはいません。たいてい○○ゲラという名前で、よく見られるのはアオゲラ、アカゲラ、コゲラなどです。アオゲラは本州、九州、四国にしかいない日本の固有種で、わざわざ海外から見にやってくるバード・ウォッチャーもいるほどです。

名前にキツツキとつかなくても、彼らは木をつつきます。森の中に響くタラララララというドラムロールのような速いリズムの音は、キツツキのオスがなわばり宣言や求愛のために、じょうぶなくちばしで木をつついて出す「ドラミング」とよばれる音です。キツツキ類にとってアイデンティティのような行動ですが、このドラミングの音は、大きければ大きいほうがすぐれているようで、よく響くものを探してつつきます。でかい音＝力がある＝強いオス！　という三段論法なのでしょう。

生の木よりは乾いた木のほうがよく響くので、枯れ木や、木の電柱もよくつつきます。ときには雨戸の戸袋、郵便受け、人間がほかの鳥のためにかけた巣箱などもつつきます。中が空洞となると、これはもう、まごうことなき打楽器です。ただし、静かな高原のさわやかな夏の朝早く、家の壁を伝ってとどろき渡る音に叩き起こされる一家や、これからかわいいひなを育てようとしていた巣箱を連打され、新たな穴を開けられる小鳥たちには迷惑以外のなにものでもありません。

つぶやき

昔キツツキは「けらつつき」とよばれていたことから、
○○ゲラという名前が多いと考えられている。「けら」は虫のことで、
虫をつついて食べるからこうよばれたのだといわれているよ。

カワセミは魚をさしだしプロポーズ

クリスマスに誕生日、結婚記念日にバレンタインデー……。とかく贈りものを求められる現代社会です。うっかりプレゼントを失念したために、人間関係が軽くこじれる事態を経験した方もいるでしょう。その点鳥はいいよな、と毒づきたくもなるものですが、じつは鳥界もプレゼント文化とは無縁ではないのです。

たとえばコバルトブルーの羽毛が美しい「渓流の宝石」ことカワセミ。魚がいて、巣穴がつくれる環境があれば、多少こぎたない川でも機嫌よくくらしている鳥です。

カワセミのオスは、繁殖期には魚を捕まえてメスに渡します。メスはオスが気に入ると魚を受け取って交尾が行われます。オレって、こんなにじょうずに魚が捕れるんだぜ！というアピールと同時に、これから卵を産み、抱卵するメスの栄養補給もできてしまう、一石二鳥の求愛です。しかもメスが食べやすいように、捕らえた魚をびったんびったんと止まり木に叩きつけて動きを止め、飲みこむときにうろこが引っかからないように、ちゃんと頭をメスに向けて渡します。なんというやさしさ、なんという細やかな心づかいでしょう。

こうした「求愛給餌」をする鳥には、トビ、ハヤブサ、アオバズク、コアジサシ、モズ、オナガなどがいます。ハヤブサは、オスが空中で捕らえた小鳥などをポイッと放り投げ、メスが空中でキャッチします。野性味あふれる愛のキャッチボールです。

つぶやき

ハヤブサは岩棚や木の上で、
オスがメスに獲物を直接渡す求愛給餌もするよ。

オシドリの夫婦は毎年相手が違う

仲むつまじく一生を添いとげる夫婦を「おしどり夫婦」といい、鴛鴦《えんおう》は縁起物の図柄として喜ばれます。ところが実際には、オシドリは毎年パートナーを変えます。なんだ「おしどり夫婦」なんてウソじゃないかと、後ろ指を指さないでください。こんな夫婦関係、鳥だけでなく動物にはよくありますし、繁殖の間は夫婦仲はいいのですから。

オシドリは、冬は市街地の池などにもやってくるカモのなかまで、オスはとても鮮やかな繁殖羽をもちます。1～3月につがいをつくり、4～8月に、比較的高地（北海道では平地）の森の大木の洞に巣をつくります。営巣場所はメスが決め、巣づくりもメス、抱卵もメス、ひなの面倒もメスだけが見ます。オスの仕事はなわばりを守ることなのですが、産卵後はなわばりを離れ、つぎの繁殖期までに違うパートナーを探します。

今の時代、いくらなんでもそれってちょっとひどくない？　と思うかもしれませんが、それは人間に置き換えればの話。長い間に獲得した繁殖方法で、この形がオシドリにとって都合がいいのです。鳥には一夫多妻、一妻多夫、多夫多妻のものもいますが、それぞれ必要があって成り立ってきた繁殖形態でしょう。

オシドリは毎年相手を変えますが、タンチョウ、ハクチョウ、ハクトウワシ、フクロウ、アホウドリ、ペンギンなどは同じつがいで一生添いとげる「おしどり夫婦」です。花嫁衣裳の打ち掛けには、コウテイペンギンの図柄なんていかがでしょう。

つぶやき

オシドリは、水辺から離れた高い木の上に巣をつくることがある。
生まれたひなは、巣から飛びおり、
ときにはかなりの距離を歩いて安全な水場に移動するんだ。

トリノアレコレ ③

トリの楽しみ方　春～夏

春から夏は、鳥たちの繁殖シーズン。なわばりをつくって、つがい相手を探し、子育てをする、1年でいちばんいそがしい季節です。

早春のころから、スズメは「チュンチュイーン」、シジュウカラは「ツーピーツーピー」とよく響く声でさえずり出します。鳴き声を聞いたら耳をすまして、電柱や標識の上など目立つ場所を探してみましょう。

カップルができると、巣づくりにはげむ姿が観察できます。エナガなどの小鳥が、巣材にする草や地衣類を山盛りいっぱいにくわえてせっせと運ぶ姿を見つけると、応援したくなります。ひなが巣立つと、大人よりちょっと色がうすい巣立ちびなのかわいい姿が、群れの中に見つかることもあります。

夏鳥もやってきます。田んぼや河原と町中の間を、行ったり来たり飛びかうのはツバメです。渡ってきたツバメを最初に見た「初見日」も、各地で記録されています。桜前線とともに、ツバメ前線も春の風物詩です。

山林にも美しいさえずりの声が響き渡ります。春先は、木の葉も芽ぶきはじめたばかりで見通しが利き、鳥を観察しやすい季節です。でも、巣の中をのぞくのは遠慮してあげてください。鳥たちは、心優しい人間と天敵の見分けはつきません。子育てに向かない場所と判断して、巣を放棄することもあるのです。

盛夏到来の前に、鳥たちの子育ても一段落します。緑濃い木や草の葉の中で、ひなたちが育っていると想像すると楽しいものです。

4章

育て！　鳥の子

カッコウはタカの鳴きまねでおびき出す

夏の高原に響く「カッコー、カッコー」という美しい鳴き声。声の主はご存知カッコウ。この声を聞けば、世界中の誰もがカッコウという名前をつけたくなります。英語名は「クックー」、こちらもやはり鳴き声由来です。

しかし、カッコーと鳴くのはオスだけで、メスはピピピと鳴きます。つまり彼らの名前はオスの特徴しか反映していないのです。男女同権が当然の現代にこんな偏った名前はけしからんかぎりです。一方でピピピという声はオスも出します。雌雄両方の性質を平等に表すため、和名はカッコウから「ピピピ」に改称してはいかがでしょう。

さて、じつはこのピピピという声はタカの鳴き声に似ています。カッコウはほかの鳥の巣に卵を産みつける托卵鳥として有名ですが、産みこんだことがバレては、せっかくの卵が放り出されてしまいます。そこで、タカの鳴きまねをして、親鳥が警戒して逃げたすきに、こっそりと巣に卵を産みつけるという算段です。カッコウは背中が灰色でお腹に横縞がありますが、この配色もハイタカというタカにそっくりです。

托卵は子育てを人任せにする点でラクチンに見えます。しかし、営巣の習性を失った彼らは二度と自分で子育てができません。種の存続のためには、確実な托卵が最重要ミッションです。そういうわけでカッコウは、ルパン三世並みの巧妙なだましのテクニックを磨いているのです。

つぶやき

古代ギリシャの哲学者、アリストテレスが著した『動物誌』にも、
カッコウの托卵が登場するんだって。
托卵は古くから知られていたんだね。

ツバメは人間のそばで子育てしたい

春になるとツバメが渡ってきて、家の軒先に巣をつくりはじめます。ツバメは泥に枯れ草や唾液を混ぜて、垂直な壁に左官屋のように器用に塗りつけ、巣を築いていきます。多くの鳥は、人通りが多い場所には巣をつくりません。しかし、ツバメは家の玄関や店の入口など、常に人がいるところに積極的に巣をつくります。これは、彼らが人間を利用しているのだと考えられます。

ツバメにとって恐ろしいのは、タカやテンのような、高いところにかけた巣を襲うことができる捕食者です。人の出入りが多ければ彼らもおいそれと近づくことはできません。一方で人間は、農作物に被害を及ぼす害虫を食べてくれるツバメをたいせつにしてきました。人間とツバメの間には、お互いウィンウィンの共生関係があるのです。

じつは日本では、ツバメの巣が人工建築物以外では見つかったことがありません。人間生活は自然界にマイナスの影響を与えることも少なくありませんが、ツバメにとってはなくてはならない存在なのです。

しかし、ツバメが巣をつくれるような家を人間が建てるようになったのは、せいぜい数千年前のことでしょう。人工物のなかった時代には、ツバメはきっと崖や洞窟などに巣をつくっていたのでしょう。もしかしたら、人間が石斧をかついでマンモスの骨つき肉を食べていたころ、洞窟の中でツバメとはじめての出会いをしたのかもしれませんね。

つぶやき

日本に渡ってくるツバメのなかまには、ツバメ、イワツバメ、
コシアカツバメ、ショウドウツバメ、リュウキュウツバメがいるよ。
ショウドウツバメだけ崖に穴を掘って巣にするよ。

カッコウのひなはおねだりじょうず

カッコウやホトトギスは巣をつくりません。ほかの鳥の巣に卵を産んで、仮親に育てさせる托卵を行います。ひなは、その巣の本当の子供より先に孵化し、ほかの卵を巣の外に捨ててしまいます。ひなの背中には、卵をのせるためのくぼみまであって、じょうずにバックして巣の縁まで運び、卵を外に落とします。

鳥には、ひなの口の中が黄色い種類が少なくありません。親鳥はこの色を見ると餌を与えたい衝動に駆られるのです。カッコウのひなの口も鮮やかな黄色で、大きく開けて子育て欲を刺激し、もりもり食べて、いつのまにか仮親よりはるかに大きく成長します。

カッコウのなかまに、「ジュウイチー」と鳴くジュウイチという鳥がいます。翼の手首の部分を翼角《よくかく》といいますが、ジュウイチのひなの翼角には羽毛が生えておらず、皮膚が鮮やかな黄色です。口を開くと同時に両方の翼角を上げれば、まるで3羽のひなが餌をねだっているかのように見えます。仮親はこの分身の術に惑わされ、ひながたくさんで大忙し！　とばかり、せっせと虫を運ぶのです。

しかし仮親も、この調子で托卵されてばかりでは子孫を残せません。何度もだまされるうちに、他人の卵を見分けられるよう進化していきます。仮親にバレるようになると、カッコウはまた別の種類の鳥にくら替えして托卵することがあります。イタチごっこならぬ、カッコウごっこをくり返しているのです。

つぶやき

カッコウやジュウイチの卵は、
色や模様も、托卵相手の卵に似ているよ。

スズメは昆虫シーズンに子育てをする

スズメやカワラヒワのように植物を食べる鳥でも、ひなには昆虫など動物質の食べ物を与えるものがほとんどです。関東地方で繁殖するスズメなら、3月末から4月のはじめくらいから巣づくりをはじめ、卵を産み、温め、5月のはじめごろには卵から孵ったひなたちにせっせと餌を運びます。

ひなの期間が長いほど敵にねらわれるリスクが高まるので、孵化して2週間ちょっとの期間に、骨をつくり、翼をつくり、筋肉をつくり、成鳥と同じくらいの大きさになって、さらに飛べるようにならなくてはなりません。そのため、たんぱく質が豊富な動物質の餌が必要で、昆虫がわんさか増える初夏のころにひなが食べ盛り、というタイミングで繁殖するのです。食べ盛りの子供がお肉大好きなのは、ヒトも鳥も変わりません。

スズメは、地面や木、人工物のすき間などを徘徊している虫を捕らえることが多く、あちこち飛びまわって虫を探す姿をよく見かけます。そうして集める虫もなんでもいいというわけではなく、ひなの成長に合わせてよく吟味されています。ひなが小さいときは、小さくて柔らかいものを与え、しだいに大きいものや堅いものに変えていきます。ちょうどいい虫を捕まえるため、巣から数百メートル離れた場所まで探しにいくこともあります。子育てシーズンは、スズメもシジュウカラもムクドリも同時期です。バーゲンに人々が殺到するがごとく、鳥の虫集めも熾烈を極めます。

つぶやき

スズメなどの小鳥が、子育てのために捕らえる虫はかなりの量。
スズメを駆除してしまって、農地で害虫が大発生したということが、
フランスや中国で実際にあったんだって。

カラスは巣に新建材を使う

冬、葉を落とした木の高い位置に小枝のかたまりを見つけたら、それはカラスの古巣かもしれません。カラスの巣は、50～80㎝ほどの皿状に枝を組んだもので、なかにはコケや木の皮、鳥の羽毛、草などが敷きつめられ、ひなが冷えないように居心地よく整えられています。ここまでは、昔ながらの建築材料の話。いまやカラスの巣には、ビニールひもや、ポリエチレンの袋など、自然界にはない新建材も当たり前のように使われています。鳥には、巣づくりに便利なものは積極的に使ってしまおうというものがいて、メジロなどもビニールひもをよく利用します。

　新建材のなかでも、とくに愛用されているのがハンガー。黒いプラスチック製のものや武田鉄矢が振りまわす木製のものではなく、クリーニングに出すとついてくる針金製のものです。家のベランダから盗み出す姿も目撃されていますから、ベランダのハンガーの数が足りないと感じたら、どこかでカラスが子育てしているかもしれません。木の上を見上げて、青、白、ピンクのカラフルなかたまりを探してみましょう。

　巣の中をふわふわにする材料にも、新素材が使われています。ペットの毛のような獣毛は、人間の生活圏にくらす生き物ならではの材料です。なんと、上野動物園のジャイアントパンダもねらわれたことがあるそうです。同じ動物園内でもヤギよりはパンダを使いたくなる気持ち、わからないではありません。

つぶやき

カラスは葉がしげって巣が隠れる大きな木に巣をつくることが多い。
でも、ときには気にしない個体もいて、
電柱や鉄塔の上など丸見えの場所に巣をつくることもあるよ。

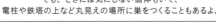

エナガのベッドはふわっふわ

サクラが咲く少し前くらいから、留鳥の小鳥たちは巣づくりの準備をはじめます。エナガもそんな小鳥のひとつ。日本の鳥のなかでもっとも小さいといわれるそのくちばしで、せっせと巣の材料を集め、いっぱいにくわえて運ぶ姿は愛くるしさの権化です。巣の材料には、木の皮、鳥の羽毛、それにクモの巣や地衣類、コケなどを使います。

巣の形はちょっとユニークで、木の枝のY字に分かれた部分を使い、ボール状にします。上部に１か所、出入り口となる穴があり、穴にはひさしもついています。外壁は、コケの上に地衣類をクモの糸やガの繭糸で縫いつけたもので、防水加工も完璧です。卵を産み落とす産座など内巣には、鳥の羽毛や虫の巣などのふわふわしたものを敷きつめる凝りようで、かわいい外見とは裏腹に、なかなかの匠ぶりを発揮します。

内巣に使われる鳥の羽毛を数えた人がいて、なんとひとつの巣で１０００枚以上、多いものでは２９００枚もあったとか。それだけの鳥の羽毛を集めるのはたいへんな労力です。愛知県の例では、ヒヨドリやホオジロ、アオジなどの小鳥のものもありましたが、キジ、キジバト、ドバト、ハシブトガラス、ハシボソガラス、アオサギ、ゴイサギ、マガモ、コガモ、オナガガモ、カルガモ、ニワトリといった大きな鳥の羽毛がほとんどでした。カモは冬に、水場にたくさん羽毛を落とすので集めやすいのでしょう。小さなエナガにとっては大きな羽毛。それをくわえて立ち働く姿は、なんともかわいいものです。

つぶやき

エナガは身軽な鳥。春先の巣づくりの季節には、
木の幹にとまって地衣類を集めたり、飛びながら
空中をただよう鳥の羽毛をキャッチしたりする姿が見られるよ。

キジバトの巣はざっくりしすぎ

キジバトは、ヒヨドリやムクドリと同じく、もともとは農耕地から山地の林に多い鳥です。それゆえにご年配の方は、ヤマバトという呼び名のほうが馴染みがあるかもしれません。1960年代から都市部に進出し、今では広い範囲でよく見られる鳥です。

巣は本来、木の上に枝を組んでつくります。オス、メスで役割分担があり、オスは木の枝を折ったり拾ったりして運び、メスは営巣場所に座ってオスが運んできた巣材を受け取り、皿形に組んでいきます。図鑑などには、このキジバトの巣を「粗雑」などと書いているものもあります。たしかに下から見上げたとき、枝と枝のすき間から卵が見えることもありますが、100〜200本の枝をせっせと運ぶ姿を想像するに、言い過ぎではないかと同情したくなります。

近年では、鉄塔やビルのベランダなど、建造物にも営巣するようになりました。エアコンの室外機や給湯器などの平らなところに、安定しているからでしょうか、数十本ほどの少ない枝で巣をつくることもあります。え、雑？　いえいえ雑なのではありません。都会ではちょうどいい枝を探すのも山林のようにはいかないし、これで卵が転がることはないので、問題ないんです。またキジバトは、古巣をちょっと直して使うこともあります。使うのはキジバトの巣だけでなく、ほかの鳥のものでも、しっかりしていれば気にしません。もう一度言います。キジバトは決して雑ではないのです。懐が深いのです。

つぶやき

沖縄県の西表島周辺の小島では、地上の捕食者がいないので、よく地面に巣をつくるらしいよ。臨機応変だね。

スズメはときに敵中で子育てする

スズメは日本でもっとも身近な野鳥といってよいでしょう。同時に彼らは、自然のなかでいちばん立場の弱い鳥でもあります。

スズメの食べ物は草の種子です。しばしばイネを食べてしまうため、害鳥として駆除されることも少なくありません。また、草の多い開けた環境にすんでいるため、捕食者にとっては見つけやすいかっこうの獲物です。オオタカの食物のうち、いちばん人気のメニューとなっています。

そんなスズメにとって、大きな群れをつくることは、身を守るためのたいせつな手段です。群れが大きければ、捕食者に襲われたときに、それぞれの個体が食べられる確率は低くなります。クラスの人数が多ければ多いほど、授業中、先生に当てられる確率が減るのと同じです。

そんな弱者のスズメですが、とっておきの方法で身を守ることがあります。それは、天敵であるタカを味方につけることです。オオタカやトビなどの猛禽類は、樹上に枝をたくさん重ねて立派な巣をつくります。その巣の下側のすき間の中に、スズメが巣をつくることがあるのです。まさに灯台下暗し。タカは足下の獲物に気づかず、ほかの捕食者はタカが怖くて近づけません。これほど安全な場所はないでしょう。弱者には、弱者なりの生き残り方があるのです。

つぶやき

オナガは、タカのなかまのツミの巣の近くに営巣することもあるよ。
ツミが、ひなをねらって巣に近づくハシブトガラスを
追い払う行動を利用しているんだって。

ムクドリは場所とりに敗れて卵を托す

カッコウのなかまが托卵をするのは有名です。カッコウ類は、仮親の卵に似せた卵を、仮親の産卵期間中をねらって産みつけ、托卵を成功させます。しかも、カッコウのひなは仮親の卵より早く孵化して、おしりでほかの卵を巣の外に落とし、餌を独占してしまうのですから、ずうずうしいにもほどがあります。ただ、カッコウのなかまは、恒温動物の鳥類なのに体温の変動が激しいという変わった特徴があり、自分でうまく卵を温めることができないので、しかたなくやっているのかもしれません。

カッコウは別の種に托卵しますが、自分と同じ種の、別のつがいの巣に托卵する「種内托卵」をする鳥もいます。代表的なのはムクドリとオシドリです。どちらの種も、能力的には自力で繁殖できるのに、托卵することがあります。

大きな群れでくらすムクドリや、巣に適した大きな木の洞の数が限られるオシドリなどは、繁殖しようと思っても繁殖地にちょうどいい巣場所が残っていないことがあります。実際、繁殖期に入る前にムクドリのための巣箱をたくさん置いてみたところ、托卵をするムクドリは減っていったということです。自分で繁殖できるなら、托卵はしなくてもいいのでしょう。このことからも種内托卵は、場所とりに失敗したつがいが、「あわよくば」と別のつがいの巣に卵を産むのではないかと考えられています。なんだかこちらも切ない事情です。

つぶやき

ムクドリは、本来は木の洞などに巣をつくるよ。町中だと、雨戸の戸袋や換気のための通気口など、建物のすき間を好むみたい。春から夏にかけて、出入りする姿を見かけることがあるよ。

イヌワシは兄弟殺しを運命づけられている

『旧約聖書』のカインとアベル、『古事記』のオウスノミコトとオオウスノミコト、野に咲く花はオトギリソウ。いずれも聞くも涙、語るも涙の悲劇の兄弟殺しの物語です。しかし、自然界では過去の逸話ではなく、今も起こっている生々しい現実なのです。

「兄弟殺し」とは、なんだかサスペンスな雰囲気ですが、これも鳥類が生み出した生存戦略のひとつです。イヌワシは一般に卵を2つ、3、4日ほど間隔をあけて産みます。そのため孵化の時期がずれ、兄弟の成長に差がつきます。そして孵化から2週間ほどの間に、ほとんどの巣では先に生まれた個体が後に生まれた個体をつつき殺してしまいます。ただしこれは日本のイヌワシによく見られる性質で、海外ではあまり見られません。

1つはほぼ確実に消えゆく運命なのに、卵を2つ産むのはむだに見えます。しかし、卵がうまく孵化しなかったり、生まれたひながうまく育たなかった場合は、もう1つの卵が意味をもってきます。大型の鳥の繁殖は何か月もかかるので、途中で失敗したからといって簡単にやり直すことはできません。それよりは、いざというときのために予備を用意するほうが結果的に低コストなのでしょう。

「鳥の繁殖を例に、人の子育ての参考になる話をしてもらえませんか？」

ときどきそんな講演を頼まれます。

えーと……ムリっす。

つぶやき

小笠原や沖縄にすむカツオドリも、同じ性質をもっている。
2羽のひなが生まれるけれど、その後に兄弟殺しが起こり、
2羽ともに巣立つのはめずらしいことなんだ。

エナガは子育てに参加したい

日本にいる鳥の多くは一夫一妻ですが、ごくまれにエナガやオナガ、カワセミのなかまなど、お手伝いさんを頼むものがいます。このお手伝いさんは「ヘルパー」とよばれ、自分自身は繁殖せずにほかのつがいの繁殖を手伝って、ひなに餌を運んだり、なわばりを守ったりします。ヘルパーがいる形の繁殖を「協同繁殖」といいます。

エナガの場合、多くは血縁者の繁殖を手伝っているようですが、ほかの協同繁殖する鳥のなかには血縁者以外を手伝うものもいます。エナガでは、メスよりもオスのヘルパーが多いことが知られていますが、種によってはメスのほうが多いものや、オスメス同じくらいのもの、ヘルパーが多すぎるほどたくさんいるものもいます。

ヘルパーにはさまざまなメリットがあると考えられています。たとえば、弟や妹、甥っ子、姪っ子などをだいじに育てることで、自分に近い遺伝子を残すことができること、あるいは、手伝っているつがいのなわばりを将来引き継げる確率が高まることなどです。しかしヘルパーがたくさんになると、なかには近隣ファミリーとのなわばり争いや天敵の来襲などの有事がなければ、ふだんはたいして手伝わずにぶらぶらしている、なんて個体がいることもあります。

そんなヘルパー界ですが、エナガがシジュウカラに給餌していた事例も見つかっています。エナガは、ヘルパーしたくてしたくてたまらない鳥なのかもしれません。

つぶやき

アメリカからメキシコにかけて分布するカラスのなかまのアメリカカケスの場合、ヘルパーがいたほうが、より多くのひなが育って、親鳥の生存率も高くなるということがわかっているよ。

巣立った若スズメは群れる

「群雀《むらすずめ》」という言葉があるぐらいですから、スズメは群れで生活するイメージがありますが、じつは早春から夏にかけては、つがいとその子どもの家族単位でくらしています。群れをつくるのは、巣立ったばかりの若いスズメです。秋には郊外の農耕地に数千から数万羽が集まることもあり、いっせいに飛びたち、雲霞《うんか》のごとく移動するさまは、なかなかの迫力です。

若スズメは、昼は農耕地や草地で植物の種子などを食べ、夜はヨシ原などの背の高い草地や街路樹に集団のねぐらをつくります。駅前の街路樹につくることもあって、夕暮れ時にはたくさんのスズメが出入りして、チュンチュン、ジュクジュクと騒々しいぐらいです。中高生の集団合宿だと思えば、騒々しいのもむべなるかな。駅前で集団合宿するのは、人が多い場所は天敵が少なくて安全な場所だからです。

また、鳥には利害関係が一致すれば、ほかの種と手を組むのもやぶさかでないという考え方をするものもいて、繁殖期が終わったシジュウカラやコガラなどのカラ類が、別の種類のカラ類と群れをつくることがあります。その群れに、メジロやエナガなどの小鳥や、アカゲラなどのキツツキが混じることもあり、「混群《こんぐん》」とよばれます。たくさんの鳥が参加することで見張りの目が増えてより安全になり、食べ物の少ない冬に、食べ物のある場所の情報を共有できます。まさに協調して共存しているのです。

つぶやき

繁殖期は子どもを育てるためになわばりを守って食べ物を確保。
秋や冬は協調。子孫を残し、生き残るための知恵だね。

カルガモ親子を見逃すな

カモのなかまのほとんどは、ロシアなど、日本より北の地域で繁殖します。日本で子育てするのはごく少数派で、そのうち身近なのはカルガモだけ。湖でも川でも町中の公園の池でも、水辺ならどこででも出会える可能性のあるカモですから、かわいいひなを見るチャンスを逃さず、ぜひとも観察してもらいたいものです。

カルガモは草むらの中に巣をつくります。産卵するのは春から初夏。1回の繁殖で産む卵は7～14個です。卵の数が多いのはカモのなかまの特徴ですが、そのうち大人になれるのはわずかです。産卵から1か月ほど経つと、ひなが孵化します。カモのなかまは「早成性《そうせいせい》」といって、黄色い羽毛が生えた、いわゆるひよこの状態で生まれ、すぐに歩いたり泳いだりしはじめます。川や水田、公園の池などで親鳥のあとをついてよちよち歩いたり、列をなして泳ぐひなのようすはとても愛らしいもの。ただカモのひなの成長は早く、8月ごろにはほぼ親と同じ姿になります。水田地帯ではちょうど稲穂が実る時期にあたり、穂をついばむカルガモは、農家にとってはちょっと困り者かもしれません。

ほかに日本で繁殖するカモには、オシドリとシノリガモがいます。オシドリは冷涼な地域の落葉樹林、シノリガモはごく限られた地域の深い山の中で繁殖するため、子育てを見る機会はなかなかありません。ですがオシドリについては、最近、札幌市など都市部で繁殖するつがいが増えてきたようで、愛好家たちがやさしく見守っています。

つぶやき

もしカルガモの巣を見つけても、そっとしておこう。
産卵・抱卵期にストレスを感じると、
巣を放棄してしまうこともあるんだって。

カモメのひなは赤い模様をつつきたい

カモメのなかまには、くちばしに赤い模様があるものがいます。これは親とひなの間の約束のサイン。カモメのひなが、親鳥のくちばしの先端にある赤いスポットをつついて餌をねだると、親はそれが刺激になって餌を吐き戻してひなに与えるのです。

くちばしの模様は種によって異なります。いくつかの種のカモメの、孵化したばかりのひなに、成鳥の頭部の模型を見せるという実験が行われました。くちばしの色や大きさ、赤いワンポイントの形や位置、色の割合などを変えて、ひなの反応を調べたのです。すると、やはり親鳥に似た模型に対しては反応がよく、くちばしの長さや模様が違う模型だとつつく回数が減りました。驚くべきことに、ひなはだれに教わるでもなく、生まれつきくちばしのコミュニケーションを身につけているようです。

しかし、意外や意外、いちばん反応がよかったのは、親鳥に似た黄色に赤のワンポイントの模型ではありませんでした。多くのひなが、赤い棒の先に3本の白い線を入れたものによく反応し、親に似た模型よりも速くたくさんつついたそうです。さらに、ひなの目の高さで水平に振ると、よりたくさんつつきました。白い線で区切られた赤い棒は、大きな赤い斑点に見えるのでしょう。ひなは、親と似てなくても、この特徴に強く反応する性質を生まれながらにもっているようです。そんなひなも成長するにつれ、本当の親の頭やくちばしに近いものをきちんと見極めて、餌をねだるようになります。

つぶやき

カモメのなかまの親子は、鳴き声でお互いを認識していると考えられているよ。親は鳴き声を上げながら餌を与えるんだ。

ハトの育児は年中無休

おかーさーん おなか すいたー
はいはい
今あげますからね〜〜
フオオオ
オオオ!!
ごく
ごく
秘技
ピジョンミルク!!
ふぃー
ぼくも おなか すいたー
じゃ今度は あなた 頼むわね
よしきた
パパに まかせろ
秘技
ピジョンミルク!!
フオ
オオオ!!
ごく
ごく

動物には「繁殖期」があります。繁殖期があるのは、気候がよく、食べ物が多いなど、子育てに適した時期でないと子を育てられないというのが大きな理由です。鳥だと、日本なら春から夏にかけて繁殖期を迎えるものがほとんどです。

しかし、ハトのなかには一年中繁殖可能なものがいます。公園や駅前のドバトを観察していると、オスがからだをふくらませて大きく見せ、メスを追いかける求愛行動が見られます。春先から初夏に多いものの、気温が低くなってからも見られ、年中無休の繁殖をうかがい知ることができます。キジバトやカラスバトも一年中繁殖できます。

ハトのなかまが年中繁殖できるのは、気温が低い時期の「食べ物減少問題」を解決したからです。ハトのひなは、親からもらう「ピジョンミルク」という液体で育ちます。親鳥の食道の途中にある「そ嚢」という、食べ物を貯蔵しておく器官の内側がはがれたもので、栄養たっぷりな食品です。哺乳類のおっぱいと違ってオスも出せるので、夫婦交代で与えることもできます。この、いつでもつくれるピジョンミルクが、年がら年中の繁殖を可能にしているのです。

ドバトは生まれて半年ほどで繁殖可能となり、1回に産む卵は平均2個と少ないものの、多ければ年間5回も繁殖することがあります。ピジョンミルクが支える恐るべき繁殖力。これでは駅前がドバトだらけになるのも、しかたないことかもしれません。

つぶやき

アオバトの繁殖期は、多くの鳥と同じく
春から夏だけなんだ。ハトによってもいろいろだね。

カイツブリの過保護なサバイバル育児

鳥のひなの成長には2パターンあります。ひとつは、まだ羽毛も生えそろっておらず目も開いていない状態で孵化し、しばらくは親が温めたり、食べ物を与えたりする「晩《ばん》成性《せいせい》」。もうひとつは、すでに羽毛が生えた状態で孵化し、すぐに自分で立って歩き回れるようになる「早成性」です。ツバメやスズメ、カラスなど樹上に巣をつくるものは晩成性です。対してカモやキジなど地上に巣をつくるものは早成性。敵が多い地上では、ひなたちは卵から出るやいなやすっくと立って、自分で食べ物を探すのです。

カイツブリは、よくカモと間違えられますが、カイツブリ目という別のグループの、早成性の鳥です。公園の池などで、潜ったらなかなか浮かんでこないダイバー鳥としても人気です。カモ類と違って、巣は地上ではなく水上に、水草などを使ってカモフラージュした「浮巣」をつくります。子育ての時期には、親がひなに食べ物を与えたり、背中に乗せて移動したりするほほえましい光景が見られます。

あれ、早成性なんですよね？ 過保護なんじゃ……と思いますよね。カイツブリは潜水して魚やエビなどを捕らえる水鳥です。ひなは潜水ができないので、親が捕ってくる食べ物をもらうしかないのです。水中からぽこんと親が浮かび上がったら、ひなたちは我先に泳いで親の元に向かい、最初にたどり着いたものだけが食べ物にありつけます。やっぱり、厳しいサバイバルレースをしているんですね。

つぶやき

琵琶湖の別名は「鳰（にお）の海」。
鳰はカイツブリのことなんだ。
カイツブリは、滋賀県の県鳥に指定されているよ。

トリノアレコレ ④

トリの楽しみ方 秋～冬

色づいた葉が落ち、草も枯れる秋冬は、鳥たちを見つけやすい季節でもあります。たとえば夏はやぶの中にいて、目にすることがむずかしいウグイスも姿を見せてくれます。繁殖に使った古巣も見つけやすくなり、換羽で抜け落ちた羽毛を拾う機会が増えるのもこのころ。鳥たちのさまざまなくらしの痕跡を探してみるのも、野山を歩く楽しみのひとつです。

鳥たちにとっては、食べ物が少なくなってくる季節です。水辺のヨシ原では、植物の茎の中にいる昆虫をつついたり、枯れ葉を丁寧にひっくり返して獲物を探したりと、さまざまに工夫をして、夢中で食べ物を探す姿が見られます。

10月ごろには、日本で冬を越そうと冬鳥たちがやってきます。ツグミやジョウビタキなどの小鳥、そしてコガモやマガモなどのカモ類は観察しやすい鳥です。とくに、カモ類は体が比較的大きくて、公園の池などにもやってくるので、子供たちでも見つけやすいことでしょう。温かい格好をして、バードウォッチングに出かけてみましょう。

春先、冬鳥たちは繁殖のために北へと去っていきます。感傷に浸りながら、コガモやツグミを見送っているつもりが、いつまでも姿があって拍子抜けすることがあります。でもそれは、もっと南で越冬していた個体が、渡り途中で休んでいるのかもしれません。やさしく長旅をいたわってあげたいものです。

5章

けっこうすごい鳥のからだ

ハヤブサは時速300kmで獲物を襲う

鳥を見ていると、突然群れが飛び立ちあちこちに逃げてしまうことがあります。そんなときにさらに上空を見上げると、急降下するタカやハヤブサの姿が見られることがあります。地上から襲い来るキツネやネコが相手なら、飛んで逃げれば安心です。しかし、タカやハヤブサにねらわれたらそうはいきません。とくに時速約300kmを叩き出すハヤブサは、鳥たちを恐怖に陥れます。脊椎動物最速を誇るその名は、新幹線やバイク、戦闘機の愛称にも採用されています。

しかし、ハヤブサが1時間飛び続ければ300km移動できるかといえば、そんなことはありません。彼らがこのスピードを出せるのは、急降下の時の短時間だけです。つまり、この一瞬を逃げ切れば、追われる鳥たちは生き延びられるのです。

ハトやカモなど、襲われる側の鳥の目は頭の横側についています。より広い範囲を見ることができる視界をもつことで、少しでも早く敵の襲来を察知するためです。一方のタカやハヤブサの目は正面を向いており、両目でしっかりと立体的に獲物を見定めることができます。

逃げる鳥たちが捕まれば、もちろん命はありません。逆に鳥が捕まえられなければ、捕食者は飢えてしまいます。群れが一斉に飛び立つのは、命がけの鬼ごっこスタートの合図なのです。

つぶやき

ハヤブサは崖の上や鉄塔の上などの、お気に入りの場所を見張り所にしているよ。そこから獲物を探して、見つけたら上空まで飛び上がり、獲物に向かって一気に急降下するんだ。

ホオジロの尾羽の白には意味がある(かも)

茂みから飛びだしたホオジロ。色も大きさもスズメに似ていますが、尾羽の両脇に白いラインが入っています。これはスズメにはない、ホオジロ独特の特徴です。

と思っていたら、さほど独特でもありませんでした。シジュウカラ、セキレイ、シロハラ、セグロアジサシなどにも白斑がありますし、キジバトの尾羽も、中央の2枚をのぞいて先端が白です。尾の白斑は多くの鳥に見られる、一般的な配色なのです。

尾羽を閉じていると白色は目立たず、広げると目立ちます。これは、尾羽をパッと開いて虫を驚かせて、飛び出した虫を食べるためといわれます。昆虫食のアメリカムシクイでは、実際にこの白斑をぬりつぶしたところ採食効率が落ちたという実験もあります。

「でも、キジバトは種子食でしょ?」

たしかに種子は驚きません。きっと捕食者の目を尾羽に集め、本体を逃がす作戦です。

「でも、セグロアジサシは魚食だし、捕食者のいない島にいるのでしょ?」

この場合は尾羽の模様で、同種を互いに見分けやすくしているのでしょう。

「なんだか、場当たり的に説明しているみたいですね」

いや、その……。自然は思いのほか複雑で、必ずしもひとつの理由で説明できないのです。信じてくださいってば。ただ、尾羽は他者になんらかのメッセージを送るためのキャンバスだということは、間違いないでしょう。

つぶやき

鳥の羽毛は生えかわるから、捕食者へのおとりにして
抜けてしまってもだいじょうぶ。でも、再び生えてくるまで
飛ぶときにバランスがとりづらいかもね。

ミミズクのミミは耳じゃない

ミミズクはフクロウのなかまです。コミミズクやワシミミズクなどは、たしかにミミがついていて、「羽角《うかく》」とよばれています。しかし、食パンのミミに聴覚的機能がないのと同様に、ミミズクのミミも耳ではありません。

スズメもカラスも耳らしいものが見当たりませんが、鳥は声でコミュニケーションをとるので、耳がないはずはありません。頭の横の羽毛をかきわけると現れる、ぽっかり開いた穴が耳です。人間のような「耳介《じかい》」はないですが、ちゃんと耳穴はあります。

ミミズクの耳も頭の真横にあります。羽角は頭の上なので耳とは場所が違います。羽角は木の葉のような形で擬態の役に立つという説がありますが、フクロウやアオバズクなど羽角がない種もいます。もし擬態に役立つならもっと多くの種にあるでしょう。

この羽角の役割はまだよくわかっていませんが、彼らがお互いを見分けるための信号かもしれません。羽角の形は種により異なります。コミミズクでは小さく、コノハズクでは少し大きく、トラフズクでは長く伸びています。彼らが活動する夜の世界では、暗くて色彩が役に立ちません。しかし、羽角の有無や形でシルエットに特徴を出せば、同じ種かどうかを識別しやすいはずです。

そういえば、トトロにもミミがありますが、位置的に耳ではなさそうです。彼らも夜に活動していたことを考えると、あれもなかまを見分けるための特徴ですよね、きっと。

つぶやき

フクロウの顔面が丸くて平たいのは、パラボラアンテナのように獲物の音を効率よく集める役割があると考えられているよ。

カワセミの脚は極端に短い

長いから偉いというわけではないですが、脚は長いほうがモテます。重心が高いと転びやすくてさぞ不便でしょうね、なんて、もちろん負け惜しみです。とはいえ人間の脚の長さの個人差など、鳥界の脚の長さの多様性に比べればたいしたものではありません。

カワセミは青く美しい鳥で、バードウォッチングで人気のある種です。この鳥の名は漢字で翡翠と書き、同名の宝石の名の由来ともなっています。しかし、その脚を観察するのは容易ではありません。なにしろ極端に短いのです。

サギやツル、クイナのなかまは、ジュディも夢見るあしなが鳥さんで、水辺や草地などで生活しています。水や草に邪魔されずに移動するには、長い脚が不可欠です。鳥のなかでもとくに脚が長いセイタカシギやヘビクイワシも、それぞれ水辺と草地にすんでいます。脚の短いカワセミもやはり水辺にすんでいますが、彼らの採食方法は空中からの飛びこみです。空中から急降下して翼をたたみ、長いくちばしで魚に襲いかかります。もしも脚が長ければ、水の抵抗が大きく失速するでしょう。美しい流線型を実現する短足は、優秀な漁師の証拠なのです。

カワセミは、ときには1mにもなるトンネルを川辺の崖に掘り、その中に営巣します。もしも脚が長ければ、細いトンネル内を歩くのは至難の技です。この空間では、短足こそが機能的なのです。彼らにとって脚は、短ければ短いほどカッコよいのです。

つぶやき

ヤマセミやアカショウビンなどもカワセミのなかまだよ。
古くはカワセミを「ソニ」とよんでいて、
それが「セミ」「ショウビン」にそれぞれ変化したといわれているよ。

カイツブリは泳ぎは得意だが歩くのは苦手

カイツブリは潜水が得意。水中をじょうずに泳いで、魚やエビなどの小動物を捕らえます。およそ20秒も潜ることがあり、ちょっと目をはなしたすきにいなくなったと思ったら、思いもかけないような遠い場所からぷかんと浮かび上がってきます。

カイツブリは、ペンギンのように水中で翼を羽ばたかせることはありません。水中を泳ぐ動力として後ろ足を使います。その足は「弁足《べんそく》」というつくりで、カモのような水かきではなく、あしゆびの両側の皮膚が広がった、木の葉のような形のひれになっています。足を前に出すときはひれが閉じ、後ろに蹴るときに広がって水をかきます。爪までも平たくできているのですから徹底しています。

ひざの骨には「膝蓋骨《しつがいこつ》突起」という突起があります。この突起のおかげで筋肉がつく場所が広がるため、足を動かす筋肉の量が増えて力強く水をかくことができます。潜水中は足を後ろに伸ばし、平泳ぎのように動かします。足がからだの後ろのほうについているので、このような水をかく動きができるのです。

ただし、こんな高性能潜水艦も陸の上はちょっと苦手です。足がからだの後方にあるせいで、からだをかなり起こさないと重心がとれません。はばが広すぎる弁足では、よちよち歩きにくそうです。でもカイツブリは巣も水上だし、子育ても水の上、問題ありません。もしも、地上のカイツブリを目撃したら、それはとてもレアなシーンです。

つぶやき

弁足はオオバンももっているよ。オオバンはカイツブリより陸上にいることも多いので、観察しやすいかも。

ツバメは毎年律儀に帰ってくる

毎年春に、ツバメが巣づくりにやってくるのを楽しみにしている人も多いかと思います。彼らは、日本には夏だけやってくる渡り鳥で、フィリピンやタイ、インドネシアといった東南アジアの国々から、ときには５０００㎞もの旅をして渡ってきます。「私なら一生地元で暮らす」とか「夏は北海道、冬は沖縄ぐらいでいいのでは？」とか思ってしまいますが、彼らは毎年律儀に往復するのです。ツバメのような渡り鳥は数多くいます。彼らが季節ごとに移動する理由や、渡りをしない鳥との違いは完全にはわかっていませんが、昆虫などの食べ物の量が関係していると考えられています。

ツバメのからだは20g弱で、10円玉4つほどの重さです。細長い翼は長い時間飛び続けるのに向いた形で、季節風をうまくとらえて、あまり体力を使わないようにして飛び続けます。ときには船の上で休む姿も見られるようです。その身体能力もたいしたものですが、GPSもないのに巣立ったその場所に正確に帰ってくる、ルンバなみの高い帰巣能力にも驚かされます。

渡り鳥は、昼は太陽、夜は星の位置から、自分の位置を知るといわれています。最近では、渡り鳥のなかには地磁気を視覚で見ているものもいるとする論文も発表されました。彼らはヒトがもつ感覚器官では感じ取れない方法で、世界を見ているのかもしれません。そして、松村和子さんに歌われるまでもなく、必ず帰ってくるのです。

つぶやき

野生では、ツバメの寿命は2〜3年。
毎年同じ巣にツバメが帰ってきていても、
前の年と同じ鳥とはかぎらないよ。

ハトは窓にぶつかると白い跡を残す

窓や壁に、けっこうな勢いで鳥がぶつかったらしき跡が、白くくっきりと残っているのを見たことはありませんか？　トムとジェリーのトムもかくや、というくっきり具合。この魚拓のような痕跡は、しばしばハトによって残されます。

ハトの羽毛には「粉綿羽《ふんめんう》」という、生えてはすぐにぼろぼろとくずれて粉状になる羽毛があります。わざわざ生やしたのにくずれてしまうなんて、もったいない気もしますが、理由があってのことなのです。粉綿羽はくずれてほかの羽毛にかかることで、水をはじき、汚れを防ぐ効果があります。羽毛は、飛ぶのにも、からだを保温するのにも必要なものです。この羽毛を守るために、粉綿羽はおおいに役立っているのです。

粉綿羽を見てみたいですか？　もちろん、ハトだってしゅっちゅう窓ガラスにぶつかっているわけにはいきませんから、ハトが公園の池などで水浴びをしたあとをのぞいてみてください。うっすら水面に浮かんでいることがあります。粉綿羽はほかにも多くの鳥がもちますが、量が多いのはハトやフクロウ、インコ、サギのなかまです。

鳥は目がよい生物ですが、ガラスのように透明で固いものは自然の中にありません。勢いよく飛んで、ぶつかってしまうことは多々あります。そのため、自然の多い場所では、窓にタカやハヤブサをかたどったステッカーを貼って、こうした「バードストライク」を予防しているのです。

つぶやき

ガラスに林の木々などが反射していると、
鳥には林が続いているように見えてしまうんだ。

鳥の目はあんがい鳥目じゃない

食卓であんなにお世話になっているのに、ニワトリに対して鳥頭だ鳥目だと悪口をいうのは、じつに礼儀知らずです。たしかに、首なしチキンのマイクの話を聞くと、鳥の頭は飾りなのかとも思えます。マイクは頭を切り落とされても死ぬそぶりも見せず、頭なしで1年半も生きてギネス記録を手にした実在のニワトリです。

英語でも鳥頭と同じ意味でバード・ブレインという成句があるので、この認識は万国共通なのかもしれません。しかし、夜目がきかないことをバード・アイとはいいません。これは日本固有の悪口のようです。

実際に鳥が鳥目かというと、必ずしもそうではありません。夜行性のフクロウやヨタカにかぎらず、カモやゴイサギも夜に食物を探します。ホトトギスやヤブサメは昼行性ですが、夜に飛びながらよく鳴きます。彼らが暗いなかで障害物や食べ物を認識できるのは間違いありません。渡り鳥では、多くの種が夜に移動します。これは、空気が温まって乱気流が発生しやすい日中より、気流が安定している夜のほうが効率よく飛べるためと考えられます。昼行性のタカに襲われにくいメリットもあるでしょう。

採食も渡りも捕食者対策も、鳥には命がけの行動ですから、本当に鳥目なら多分もうそろそろ絶滅しています。それでも鳥目とよばれるのは、観察者である人間の夜目が利かず、夜に活動する鳥たちが見えないからかも。いやはや、とんだぬれ衣です。

つぶやき

鳥目を「ちょうもく」と読むと銭のこと。
穴あき銭が鳥の目に似ているからといわれているよ。

ヨシゴイはからだを伸ばして草に化ける

オレはヨシゴイ
極限まで体を伸ばし
ヨシ原と一体化する者
見よこの完璧な擬態
ホッソーーーリ
これなら誰にも
見つかるまい
ヒュオオオオオ…
あっ風!!
ヒュオオオオオオオ…
か…完璧な…
擬態い゙い゙い゙い゙ー!!
じじじじ…

ヨシゴイは全長およそ35㎝と、日本で繁殖するサギのなかではもっとも小さく、日本では繁殖期だけに見られる夏鳥です。水辺のヨシやガマなどの間でくらしていて、ハスなどの浮葉植物の葉の上を歩く優雅な姿も見られます。ヨシの葉やハスの茎を両足でしっかりつかんで立ち、下を通る魚などを待ちぶせして捕らえます。

ヨシゴイは、敵の接近などの危機が迫るとくちばしを上に向け、首とからだをピンと伸ばして細長くなり、周囲に繁茂する細長い植物の葉に紛れるという「擬態」をします。こうした、周囲の環境にからだを似せて敵をあざむく擬態を「隠蔽的擬態《いんぺいてきぎたい》」といい、木の枝や樹皮に擬態するヨタカや、河原の小石に紛れるコチドリのひななどのエキスパートがいます。さてヨシゴイはというと、ヨシ原の中程に潜んでいればいいのですが、まれにヨシ原のふちで擬態していることがあります。青々としたヨシの色とも違うし、ヨシより太いので、残念ながらバレバレです。でも、微動だにせず植物のフリをし続ける姿は、なんとも健気。敵の目から逃れるには、動かないことが重要なのでしょう。

隠蔽的擬態といえば、アゲハの幼虫やトリノフンダマシというクモのように、鳥に捕食される側の小動物には、鳥の糞に化けるものもいます。鳥糞擬態するものは多いので、効果があるからこその進化だと考えられます。鳥としても同族の排泄物には、きっと興味もてませんよね。ところが、それでも見破る鳥はいるもので油断はできません。

つぶやき

ハチの黄色と黒の模様は、毒の危険を捕食者に伝える警告色。
毒のないハチやアブ、ガなどが似た色を警告色にもち、
目立つことで捕食者を避ける擬態を「標識的擬態」というよ。

カラスは1羽1羽声が違う

「カラス、なぜ鳴くの?」……答えにくい質問です。実際には、カラスは状況ごとにさまざまな声を出していて、町中で見かけるハシブトガラスは「カァカァ」とよく鳴きますが、「グルグル」とか「オアオロ」と鳴くこともあります。カラスは、小鳥のように美しくさえずるわけではありませんが、わりとおしゃべりなんです。

最近、ハシブトガラスの音声に関する研究が進んできています。雌雄の声の違いについての研究もそのひとつです。ヒトでは、男性のほうが声帯や骨格が大きいため、女性より低い声が出ます。カラスも、オスのほうがくちばしや舌が大きく、気管も長くて太いことから、発せられる声も雌雄で少し違いがあります。また、同じ鳴き方でも、大雑把にいうと、オスとメスではわずかに異なる母音の発音をしているということです。

じつは、「カァ」の鳴き方には個体差もあるようです。ハシブトガラスがくらす森林や都会にはさまざまな障害物があり、お互いの姿が見えないことがあります。そこで個体によって少しずつ異なる声、つまり誰が誰だかわかる声で鳴き交わすことで、効率よく情報をやりとりしていると考えられています。また飼育カラスを使っての実験では、となりのかごにいるはずのない個体の声を流すと、すぐに仕切り越しにのぞこうとし、時間をかけて確かめようとするようすも観察されました。どうやらハシブトガラスは、声と姿をちゃんとセットで認識しているようです。

つぶやき

鳥は鳴管という器官で鳴き声をたてるよ。
鳴管から発した音を、気管でフィルターにかけて変調しているんだ。
カラスを含むスズメ目では、鳴管がよく発達しているよ。

サギが白いのは撥水加工のおかげ

シラサギという名のサギはいません。コサギやチュウサギ、はたまたダイサギ、アマサギなど白い羽毛を全身にまとったサギの通称が「シラサギ」です。不思議なことにこのサギたち、いつでもどこでも白いのです（夏のアマサギはオレンジ色になります）。にごった水のなかに入れば、汚れることは汚れますが、気づくとまた真っ白な羽毛にもどっています。この白さの秘訣はなんでしょう。「白さ」というと、ついぞ漂白剤とか酵素パワーとかいったイメージがつきまといますが、違います。

鳥の羽毛表面には微細な構造があり、水をはじきやすいつくりになっています。その上、鳥の腰には「尾脂腺」という器官があって、そこから出る油分をくちばしで全身にすりつけることで撥水機能を強化しています。つまり、酵素パワーで汚れを落としているのではなく、そもそもからだに汚れがつきにくいのです。

鳥にとっては羽毛は飛ぶため、保温のためのだいじなもの。また、羽毛の色はなかま同士を見分けるにも必要ですし、オスにとってはきれいな羽毛はメスにモテるための衣装でもあります。だから鳥たちは、いつでも羽毛の手入れを欠かしません。

白い鳥といえばその名も白いハクチョウがいます。たまに汚れた白鳥がいるなんていわれることがありますが、グレーのハクチョウがいたらそれは多くの場合若鳥で、成長すればちゃんと白くなるので、心配無用です。

つぶやき

羽毛の手入れは、鳥にとってだいじな仕事。
ひまさえあれば、しょっちゅう羽づくろいしてるんだ。

鳥の目には紫外線も見えている

世の中はすべて波だらけです。シュレディンガー音頭でも歌われているので間違いありません。宇宙線、電波、音、そして可視光も波です。可視光はヒトが見ることのできる周波数帯の光で、おおむね380ナノメートル（紫）から750ナノメートル（赤）までです。ですが、ヒトが見ている世界よりも、ひょっとすると鳥が見る世界のほうがカラフルかもしれません。鳥は紫外光領域の色を見ることができるからです。

ヒトは色を感知する細胞である「錐体細胞」を3種類もちます。赤・緑・青、いわゆる「光の三原色」です。鳥はひとつ多い4種類。ヒトがもたない4種類目の錐体細胞は、紫より短い周波数の光、つまり紫外光領域に対応しています。これがどんな色かというと、ヒトの目には見えないので説明のしようもありませんが、ヒトには同じに見える鳥の雌雄が、紫外光反射も含めて見ると違うことがあります。同様に紫外光が見える昆虫は、マーガレットなどの花にある「ネクターガイド」という模様を見て、蜜のありかを知ります。鳥も食べ物の探索に紫外光を使っているとも考えられています。最近では、紫外光反射を使って、托卵された偽の卵を見分ける鳥がいることも知られています。

実際に色を認識するのは、錐体細胞からのデータを受け取った脳です。脳が情報を組み立て直して「これはワインレッド」「これは萌黄色」というように、色を理解します。今後、鳥の脳の研究が進めば、鳥が見ている世界を知ることができるかもしれません。

つぶやき

魚も哺乳類より多くの色を見ることができるよ。
哺乳類はもともと夜の世界で夜行性の動物として進化したので、
視覚より嗅覚や聴覚が重要だったと考えられているんだ。

ヨタカは擬態して安眠する

よだかは青い美しい光になり、カシオペア座のとなりで星と化しました。童話のおかげで名前は有名ですが、ヨタカは森にすむ夜行性の鳥なので、その姿はあまり見られません。なにをトンチキなことを、夜行性なら昼は休んでいて見つけやすかろう、と思う人もいるでしょう。たしかに昼のヨタカは枝上で休んでいます。しかし、その擬態の技ときたらプレデターも舌を巻くレベルです。とくにタチヨタカのなかまは樹皮よりも樹皮らしく、太い枝にじっとしているとシュワルツェネッガーでも見つけられません。

そんな隠れじょうずなヨタカ類のなかでも、ワンランク上の雲隠れをするのがプアーウィルヨタカです。なにしろこの鳥が本気になって動きを止めると、冬場のビンテージバイクのごとく動かなくなります。心拍数は低下し、体温は10℃以下、じっとしたまま3か月も静止します。そうです、この鳥は冬眠をするのです。

一般に鳥は冬眠をしません。その必要がないからです。たとえば冬に雪が降り、食物が枯渇しても、神から与えられた翼を使って暖かい地方に渡っていけばよいのです。からだの生理的な条件を変えてまで、寒い場所に執着する必要なんてありません。

ヨタカ類にはほかにも変わった種がいます。コウモリのように音の反響で周りの環境を把握するアブラヨタカや、翼から巨大幟をたなびかせ、明らかに飛びにくそうなラケットヨタカ。なぜヨタカ類ばかりが奇妙に進化したのか、まったく不思議でなりません。

つぶやき

映画に登場する地球外生命体、プレデターが姿を消すのは、
擬態ではなく光学迷彩によるもの。
視覚的に透明化して周囲の風景に溶けこむ、SF的技術だよ。

トリノアレコレ ⑤

トリと親しむアプローチ

バードウォッチャーの朝は早いもの。というのも、鳥たちは早朝、ときには夜明け前から活動をはじめ、午前中早い時間によく鳴き、よく動くからです。少しでも早くフィールドに出たほうが、鳥と過ごせる時間が長くなります。

野鳥観察の楽しみ方はさまざまです。双眼鏡で見る、写真を撮る、図鑑を読む、美しい声を録音するなど。そして、鳥への興味のもち方もさまざまです。好きな鳥一筋な人、種類を多く見たい人、めずらしい鳥を探したい人。たとえばミズナギドリやアホウドリのような洋上でくらす鳥に会いたい人は、フェリーなどに乗って船上で鳥を見ます。本来移動手段であるフェリーが観察地になるわけで、船が目的地についたらとんぼ返りすることもしばしばです。

とはいえ、それほどがんばらなくても、鳥はいつでもどこにでもいるので、なんの用意がなくても楽しめます。じっとしていたら意外と近くにきてくれることもあります。きれいな羽毛を拾うこともあるでしょう。羽毛が気になったら、足跡や糞などの「フィールドサイン」に注目するのも鳥と親しむ方法のひとつです。糞には未消化の食べ物が残っているかもしれません。

鳥との親しみ方は、鳥を見る人それぞれにあります。好きな方法で楽しんでみてください。鳥は空を飛び、広い範囲を移動します。さまざまな環境にくらすので、いろいろな動植物とも密接にかかわりあっています。鳥を観察すれば、自然の中の生物のつながりにも気づいて世界が広がるかもしれませんよ。

6章

鳥にまつわるエトセトラ

ヒヨドリはもしかしたら3種いる？

ヒヨドリは北海道から沖縄まで、小笠原や大東諸島などの離島も含めて分布しており、日本全国で身近に見られる鳥です。ヒーヨヒーヨと鳴きながら、ときには餌台を荒らし、ときには果実を食害し、嫌われ者として悪名を轟かせています。そんなヒヨドリも、世界的に見ると日本と朝鮮半島周辺にしか分布していない極東地域に固有の鳥です。ここでしか見られないと思うと、彼らの悪行も勘弁してやるかという気持ちになります。

この鳥ももう少しきれいな姿をしていれば、身近なアイドルになれたかもしれないですが、残念ながらその羽衣は地味な灰褐色です。その羽色は、北海道では明るい灰色ですが、南に行くほど赤茶色になり、地域による色彩や形態の違いから、日本のヒヨドリは8亜種に分けられています。そして最近のＤＮＡ分析の結果、このなかに別種といってよいほど遺伝的な違いがある集団が２つ見つかりました。奄美群島・沖縄諸島・宮古諸島の集団と、大東諸島の集団です。そして本州周辺にいるヒヨドリは、沖縄や宮古を飛び越してさらに南の八重山諸島の集団と近縁だとわかりました。また小笠原諸島では、北部の集団は八重山諸島と、南部の集団は本州以北と近縁だとわかりました。

もしかしたら、日本のヒヨドリは将来3種類に分けられるかもしれません。近くの他人と遠くの親類。なぜこんな複雑な分布になったのでしょう。飛翔という鳥類の特徴が生み出すこんな不思議こそ、鳥の魅力といってよいでしょう。

つぶやき

低緯度に行くほど体色が濃くなる現象を「グロージャーの法則」というよ。

カラスだってときに絶滅する

ときには公園で子供を襲い、ときにはヒッチコックの肩に乗るカラス。その真っ黒い姿は無限に増殖するショッカー戦闘員を想起させます。電柱営巣による架線事故や農業被害も後を絶たず、日本各地で、いや、世界各地でカラスの駆除が行われています。なにしろカラスは各地で増えており、駆除しても駆除しても被害はなくなりません。しかし、そのなかにも勝ち組と負け組が存在しています。

ハワイガラスはその名の通りハワイ島にすむカラスです。その姿は日本のハシブトガラスに似て真っ黒です。しかし、彼らは２００２年を最後に野生個体が見つかっておらず、自然下では絶滅したと考えられています。グアム島のクバリーガラスは２００８年までに絶滅し、ロタ島にいた同種のカラスは残り約50つがいまで減少しました。

戦前には小笠原諸島でもハシブトガラスが繁殖していましたが、１９２０年ごろの記録を最後に絶滅しています。まさに都会で増えて困っているのと同種のカラスです。

カラスといえども自然界に生きる生物の一種であり、環境が失われれば集団の存続は脅かされます。とくに島という狭く特殊な環境では、その影響が顕著です。彼らがいつも人間のつくった世界に適応できるとはかぎりません。そして絶滅は、その鳥のもつ機能が消失することを意味します。たとえば、旺盛な種子散布者であるカラスがいなくなれば、植物相が変化してしまうでしょう。カラスは増えても減っても誰かが困るのです。

つぶやき

サスペンス映画の巨匠ヒッチコックの1963年作品『鳥』に
登場したのは、カラスやカモメなどのなかま。
特撮技術を駆使して、無数の鳥が襲いかかるシーンを描いたよ。

ムクドリはアーバンライフを満喫中

梅雨もまだ明け切らぬ6月後半ごろから、夕方になるとギュルギュルと騒ぎながら、ねぐら入りのため集まるムクドリの群れが見られるようになります。繁殖の終わった成鳥や巣立った幼鳥たちです。ムクドリの大きな集団ねぐらは、日本に200か所以上あるといわれ、なかには1万羽以上になる大規模なねぐらも知られています。そうしたねぐら近くでは、夕暮れの空を数千羽のムクドリが群れ飛び、なかなか壮観です。

ムクドリのねぐらの多くは竹林、雑木林などにありますが、そういう林は減っています。そのため都市部に進出してきて、街路樹、公園などの緑地、建物や橋げた、鉄塔、看板などを利用しています。都市部は、天敵に襲われにくく、冬でも暖かいので、昼間は郊外に食べ物を探しに行っても、夕方には都市部のねぐらに戻ってくるようです。

都市部に新たな安住の場所を求めたムクドリですが、大量の糞や羽毛を落とすし、ねぐら入り前の鳴き声が騒がしいしで、人間には嫌われがちです。そのため、ねぐらをつくらないように、ムクドリがきらうフクロウの模型を置いたり、いやな音を出したりという対策がとられています。しかし、すぐに慣れてしまうのか効果なし。さらには鷹匠を頼み、捕食者のタカで追い払うという方法を導入した地域もありましたが、ムクドリたちは都市部の別の場所にちょっと移動しただけ。逆風をものともしないムクドリたちと人間の攻防戦は、まだまだ終わりそうにありません。

つぶやき

果実などの農業被害があることから、ムクドリは
有害鳥獣駆除の対象として、毎年相当な数が駆除されている。
でも、農作物の害虫を食べてくれる益鳥でもあるんだ。

カラスやトビが原因の火事がある

たとえ村八分にあっても、二分が残っています。その二分とは火事と葬式のことだといわれます。延焼と疫病の防止のためには、協力やむなしということでしょう。

火事の原因は地震、雷、親父など多岐にわたりますが、京都ではカラスの放火が問題になりました。京都の社寺では、よく和ろうそくが奉納されます。脂肪分が多く栄養満点な和ろうそくをハシブトガラスが好んでもち去り、野火が起こるのです。1999年から2002年の間だけでも、カラスが原因と思われる火事が7件も起こっていました。

ただしこの場合の火事は事故です。一方でオーストラリアには、わざと放火をする猛禽類がいます。この国の乾燥地では、雷などにより自然に火事が起こります。猛禽はそこから火のついた枝をもち去り、別の場所に放火するのです。

火事が起こると小動物が逃げ出します。彼らはその動物を獲物としてねらいます。つまり、火事を、狩りのための道具として利用しているのです。火の利用という知的行動は人類の誇りと思っていましたが、ぎゃふんと言わされました。このことは2017年に発表されましたが、現地のアボリジニは昔から知っていたそうです。

放火は3種の猛禽類で確認されており、そのうち1種はトビです。日本ではくるりと油揚げをさらいながら輪を描く愛想のよい鳥ですが、海外では放火魔という黒い実態をもっていました。トビの英名はブラック・カイト。なんだかそれっぽい名前です。

つぶやき

オーストラリアのバンクシアという植物のなかまには、山火事に遭ってはじめて種子が芽を出すものがあるよ。山火事が多いので、進化したと考えられているよ。

猛禽ハヤブサはインコに近縁

タカやワシ、ハヤブサは猛禽類とよばれ、生態系のピラミッドの頂点をなす捕食者となっています。彼らには、肉を切り裂く曲がったくちばし、獲物を捕らえて離さない大きな鉤爪、にらみを利かせる鋭い眼光など、追われる鳥たちにとっては迷惑でしかない多くの共通点があります。一般にタカのなかまのうち大きなものをワシ、小型のものをタカとよぶことが多いのですが、じつは彼らの間に明確な区別はなく、同じタカ目タカ科に分類されています。翼を広げた長さが160cmをこすクマタカのように、小型のワシよりも大きなタカもいます。

長い間、ハヤブサもタカのなかまと考えられており、タカ目ハヤブサ科に分類されていました。鳥や小動物を襲うその勇猛な姿は、同じグループといわれれば容易に納得できます。しかし、DNAの研究の結果、ハヤブサはタカとは系統的にはまったく関係がないことがわかりました。捕食者として似たような生活をすることで、彼らは結果的に似た姿に進化してきただけの「他人の空似」だったのです。

ハヤブサはむしろインコやスズメと近いなかまでした。いわれてみれば、インコも種子を砕く力強いくちばしや、木登りじょうずな立派な爪をもっています。よく見ると、ハヤブサもかわいらしいつぶらな瞳をしています。両者が近縁といわれると、それはそれで合点がいく気がしてきました。次の機会にぜひ動物園で見比べてみてください。

つぶやき
水鳥で潜水が得意なカイツブリは、脚が長いフラミンゴと近縁なんだって。見た目では判断できないものだね。

シジュウカラにもいるパリピとシャイ

鳥を飼ったことのある方はよくご存知でしょうが、同じ種の鳥でも、個体によって性格に違いがあります。野生の鳥でも性格の違い、厳密にいうと、「個体ごとの行動パターンに一貫した傾向がある」ことが知られています。

たとえばシジュウカラは冬になると群れをつくって森の中を動き回るのですが、積極的にあちこちの群れを行ったり来たりするパリピのようなタイプと、賑やかな群れにはあまり加わらない、人混み（鳥混み？）嫌いなシャイタイプがいるようです。そして、シャイ君は同じタイプのシャイ同士でいつも行動しているようなのです。また、シャイな個体は人気で流行りの場所では繁殖せず、ほかの個体があまりいない場所で繁殖する傾向があります。群れが大きくなると、群れ内での競争も激しくなることから、それを避けたいのだろうと考えられています。

どうして野生の鳥の性格がわかるの？　との疑問はごもっともです。じつは研究者が、シジュウカラたちの脚にピットタグ（受動無線周波標識）という小さいＩＣタグの一種をつけたのです。ＩＣタグは、ＣＤや本、衣類の盗難防止や食品の産地追跡などに使われるものです。森のあちこちに餌台を設け、そこにアンテナと記録装置を併設して、タグをつけた鳥の動きを記録しました。この調査で、シジュウカラの誰と誰が仲よしだとか、行動のクセだとか、シジュウカラたちのプライバシーが浮き彫りになったのです。

つぶやき

最近はGPSや記録装置が小型高性能化してきたこともあって、
生物に小型ビデオやセンサーをつけて
行動や生態を知る研究が盛んだよ。バイオロギングっていうよ。

ムクドリの群舞はルールがあるから美しい

鳥が大きな群れをつくって飛んでいくさまは、なかなか壮観です。編隊を組み、かたまりとなって方向転換をしつつ飛ぶようすには感心します。ミュージカルのダンサーはとなりのダンサーの呼吸やタイミングを横目で見ながら踊りを合わせるそうで、きっと鳥にもなにかコツがあるはずです。

ムクドリのなかまは大きな群れをつくります。ねぐら入りの前には、数百から数千羽もが、まるで一体の巨大アメーバのごとくぐねぐねと形を変えながら夕空を舞います。イタリアで、群れの中のムクドリの位置を3Dで解析したところ、それぞれが「排他的空間」をもって衝突を回避しているらしいことが示されました。ムクドリ同士の最短距離は、体長（約20㎝）より大きく、翼開長（約40㎝）と同じくらいでした。私たちであれば、両手を広げて「これより近づかないようにしようね」と取り決めているようなものです。そして群れの中では、自分のまわりの6、7羽に対しては位置や速度を調整するのですが、それより遠いところにいる個体がどうするかは気にしないようでした。

ムクドリの大群は、近くの個体の動きに反応するという方法で協調行動をとっています。メンバーの誰かが捕食者に気づいて回避を始めれば、群れもそれに従って動きます。群れは警戒の目をたくさんもつ一個の生物のようなものといえますが、数千羽もの目があると、船頭多くして、なかなかねぐらにたどり着けないのではと心配になります。

つぶやき
大きな群れをつくることで有名なのはコフラミンゴ。
その数100万羽にもなることがあるよ。

海鳥の糞は堆積して鉱石となる

無限の宇宙につながる広い空。その空間に占める鳥の割合は、おそらく0・001%にも満たないはずです。それなのに、私の上着の肩に鳥の糞が落ちたのはなぜでしょう。そういうときは、せっかくなので鳥の糞を観察しましょう。そこには悪魔的に黒い部分と天使的に白い部分があります。悪魔部分はまさに糞、そして天使部分は糞ではなく尿です。鳥の尿は水分をあまり含まない尿酸の結晶となっています。糞も尿も総排泄腔《そうはいせつこう》という同じ穴から排出されるので、一緒に落ちてくるのです。

鳥の排泄物にはときには種子が、昆虫の卵が、生きたカタツムリが含まれます。彼らは糞という乗り物で移動し、分布を広げます。魚食性の鳥の排泄物には、肥料の主要な成分である窒素やリン酸が大量に含まれ、植物を育む一助となります。ウやアホウドリなどの魚食性の鳥がいる場所では、長い年月をかけて排泄物が堆積し、グアノや燐鉱石といった資源になります。グアノ産地として最も有名なのは、太平洋に浮かぶナウル共和国です。足元に無限に広がるグアノを輸出して、税金も病院も電気も無料という天国のような国となりました。しかし、実際には有限のグアノは20世紀末には枯渇し、天国生活は終焉を迎え、他国からの援助をもとに再建をはかる現在を送っています。

肩の上ではただ迷惑なだけの存在ですが、鳥の排泄物は生態系にとっても人間にとっても、たいせつな要素になりうるのです。

つぶやき

アメリカ合衆国の「グアノ島法」（1856年に可決）は、グアノが堆積する島で他国政府の管理下にない島は、アメリカ合衆国市民が領有できるというもの。グアノって人間にとても重宝されたんだね。

鳥が虫に食べられることだってある

生態系はピラミッド構造をしています。タカが小鳥を食べ、小鳥が虫を食べ、虫が植物を食べて生活しています。小鳥たちをねらうのはタカばかりではありません。山野ではキツネやイタチなどの肉食哺乳類が、農耕地ではモズが、町中ではカラスが襲ってきます。小鳥たちは常に捕食者の目にさらされているといってよいでしょう。

とはいえ、小鳥たちもピラミッドの下位にいる虫などを食べているわけですから、お互い様です。この確固たるピラミッド構造が生態系を支えており、より下位にいる種は上位の種の食物となることが大切な役割となるのです。

しかし、ときにハエトリグサが昆虫を捕らえるように、下剋上が起こることもあります。なんと、シジュウカラがオオジョロウグモの巣にかかって食べられたり、オオカマキリが小鳥を捕らえたり、ふだんは食物として侮っている相手に逆襲されることがあります。いやはや〝窮虫鳥を噛む〟とは油断できません。

敵は陸上だけではありません。サギが魚を食べているそばで、スッポンが小鳥を水中に引きずりこんだり、ヨーロッパオオナマズがハトを丸飲みしたりすることもあります。この世界は危険に満ちており、絶対の安全などありません。こうなるとスズメがタカを返り討ちにする日が来ないかと期待してしまいます。くちばしを赤く濡らしたスズメがいたら、それは新たなクーデターのはじまりかもしれません。

つぶやき

魚を捕ろうと海面に近づいてきたセグロアジサシを、
大型の魚ロウニンアジが食べることもあるよ。
大自然は油断ならないね。

キジが国鳥に選ばれたのは桃太郎のおかげ

「もしも」の話は、歴史の上では意味がありません。しかし、もしも労働基準法がもう少し早く施行されていたら、財布の中身は今とは違っていたはずです。

1947年、日本鳥学会において国鳥選定の議論が行われました。平和の象徴のハト、高く舞い上がるヒバリなどを引き離し、ヤマドリとキジの一騎打ちの様相を呈します。両者にらみ合うなか軍配はキジに上がり、理由が言い渡されます。日本固有種で、一年中観察でき、優美で、おいしい。その通りですが、これはヤマドリにも共通のことです。

勝敗を分けたのは、桃太郎効果によるキジのなじみ深さです。鬼退治というリスクと引き換えにキジが得たのは、わずか団子ひとつ。現代では許されないブラックバイトのおかげでキジは日本代表となり、1984年には1万円札の図柄にまで登りつめました。

さて、当時は日本固有種とされたキジですが、現在の日本鳥学会では大陸のキジと同種と分類しています。一方でヤマドリは今も日本固有種です。分類は世につれ人につれ。もしも国鳥選定がもっと後年であったなら、ヤマドリがお札掲載の栄誉に浴していたでしょう。この分類の変化を察知してか、2004年に1万円札の図柄はキジをリストラして鳳凰になりました。奢れるものは久しからず。南無三。

ちなみに長野には「ヤマドリの恩返し」の昔話があります。もしも長野県民が岡山県民よりおしゃべりだったなら……。

つぶやき

1万円札の図柄には、京都の平等院鳳凰堂の屋根を飾る鳳凰像が採用された。10円玉の表側のデザインも鳳凰堂だ。ここにも、屋根の上の鳳凰像がちっちゃーく入っているよ。

鳥の巣を好んで巣にする虫がいる

子ぶたのブー、フー、ウーが、わらや木やレンガで家を建てられたのも、彼らはチョキしか出せないとはいえ前足が使えたからです。一方で、鳥の前足は翼になっているので巣づくりに使えません。そのかわりくちばしと足を器用に使います。傍目には簡単そうですが、これはきっとたいへんな労力です。苦労してつくった巣を、本人しか利用しないのはもったいないことです。そこでちょっとエコな神様の采配で、ほかの生物にも門戸が開かれました。鳥の巣は昆虫のすみかとしても使われているのです。

アカマダラハナムグリはめずらしい甲虫で、以前はどこにすんでいるかよくわかっていませんでしたが、最近オオタカなどの巣にいることがわかりました。ヒロズコガというガも鳥の巣を好む昆虫です。小笠原諸島には地面に巣をつくるミズナギドリがいますが、その巣の中でだけ見つかっているヒロズコガのなかまもいます。ほかにもフクロウやカワウ、サギ、コウノトリなどの巣に、いろいろな昆虫がすんでいます。

巣の中は直射日光や雨にさらされない過ごしやすい環境ですし、ひなの食べ残しは昆虫の食物にもなります。一方で鳥にとっても、有機物を食べてくれる昆虫は、巣をきれいに保つ家政婦的な役割をしているのかもしれません。そうだとすれば、これはギブアンドテイクの関係です。ただしタカの巣にすむ昆虫は、家主に食べられることもあるようです。すみこみ家政婦のつもりがじつは非常食とは、かなりブラックな職場ですね。

つぶやき

鳥の巣に卵を生むガの幼虫のなかには、
ケラチンを食べるものがいて、
ひなの羽毛が伸びるときに落ちるケラチンのくずを食べるよ。

索引

主な参考文献

この本では多くの研究を参考にさせていただきました。すばらしい成果を残した先達に敬意と謝意を表します。

赤塚隆幸 (2004) エナガ巣に利用された羽毛巣材の量と鳥種および営巣時期と羽毛量の関係. Strix 22:135-145. / Alpin LM et al. (2013) Individual personalities predict social behaviour in wild networks of great tits (*Parus major*). Ecol Lett 16: 1365-1372. / 青山怜史ほか (2017) オニグルミの種子の重さによる割れやすさ：ハシボソガラスは, どんな重さのクルミを投下すべきか. 日鳥学誌 66: 11-18. / Ballerini M et al. (2008) Empirical investigation of starling flocks: a benchmark study in collective animal behaviour. Anim Behav 76: 201-215. / Bonta M et al. (2017) Intentional fire-spreading by 'Firehawk' raptors in Northern Australia. J Ethnobiol 37: 700-718. / Bures S & Weidinger K (2003) Sources and timing of calcium intake during reproduction in flycatchers. Oecologia 137: 634-641. / Evans SW & Bouwman H (2000) The influence of mist and rain on the reproductive success of the blue swallow *Hirundo atrocaerulea*. Ostrich 71: 83-86. / Farah G et al. (2018) Tau accumulations in the brains of woodpeckers. PLoS One 13: e0191526. / 藤巻裕蔵 (2012) 低温での鳥の姿勢. 山階鳥類学雑誌44: 27-30. / Hackett SJ et al. (2008) A phylogenomic study of birds reveals their evolutionary history. Science 320: 1763-1768. / 濱尾章二ほか (2005) サギ類の餌生物を誘引・撹乱する採食行動–波紋をつくる漁法を中心に. Strix 23: 91-104. / Higuchi H (2003) Crows causing fire. Global Environ Res 7: 165-168. / 本間幸治 (2017) スズメの水浴び・砂浴び行動. 日鳥学誌 66: 35-40. / Honza M et al. (2007) Ultraviolet and green parts of the colour spectrum affect egg rejection in the song thrush (*Turdus philomelos*). Biol J Linnean Soc 92: 269-276. / 川上和人ほか (2016) ハシブトガラスによるニホンジカに対する吸血行動の初記録. Strix 32: 193-198. / Kondo N et al. (2012) Crows cross-modally recognize group members but not non-group members. Proc R Soc B 279: 1937-1942. / 黒田長久 (1972) 琉球の春の鳥類調査. 山階鳥研報 6: 551-568. / 槇原寛ほか (2004) ワシタカ類の巣で生活するアカマダラハナムグリ. 甲虫ニュース148: 21-23. / 松田道生 (1997) エナガによるシジュウカラの巣への給餌例. Strix 15: 144-147. / Matsui S et al. (2016) Badge size of male Eurasian tree sparrows *Passer montanus* correlates with hematocrit during the breeding season. Ornithol Sci 16: 87-91. / 松澤ゆうこ (2013) シジュウカラの採食行動を模倣するスズメ. Strix 29: 143-150. / Mumme RL (2014) White tail spots and tail-flicking behavior enhance foraging performance in the Hooded Warbler. Auk: 131: 141-149. / Saito T (2001) Floaters as intraspecific brood parasites in the grey starling *Sturnus cineraceus*. Ecol Res 16: 221-231. / 齋藤武馬ほか (2012) メボソムシクイ*Phylloscopus borealis*(Blasius) の分類の再検討：3つの独立種を含むメボソムシクイ上種について. 日鳥学誌 61: 46-59. / Sugita N et al. (2016) Origin of Japanese white-eyes and Brown-eared bulbuls on the Volcano Islands. Zool Sci 33: 146-153. / Suzuki TN (2014) Communication about predator type by a bird using discrete, graded and combinatorial variation in alarm calls. Anim Behav 87: 59-65. / 高木昌興・高橋満彦 (1997) スズメ目鳥類3種のトビの巣における営巣記録. Strix 15: 127-129. / Tanaka KD & Ueda K (2005) Horsfield's hawk-cuckoo nestlings simulate multiple gapes for begging. Science 308: 653. / 塚原直樹ほか (2006) ハシブトガラス*Corvus macrorhynchos*における鳴き声および発声器官の性差. 日鳥学誌 55: 7-17. / 上田恵介 (1999) 日本南部の島々におけるメジロ*Zosterops japonica*の盗蜜行動の広がり. 日鳥学誌 47: 79-86. / 渡辺靖夫・越山洋三 (2011) コガネムシ上科の幼虫を巣上で食べたサシバの観察記録. 山階鳥類学雑誌43: 82-85. / 山口恭弘ほか (2012) 鳥類によるヒマワリ食害. 日鳥学誌 61: 124-129. / York JE & Davies NB (2017) Female cuckoo calls misdirect host defenses towards the wrong enemy. Nat Ecol Evol 1: 1520-1525. / Yosef R & Whitman DW (1992) Predator exaptations and defensive adaptations in evolutionary balance: no defense is perfect. Evol Ecol 6: 527-536.

監修　川上和人（かわかみ　かずと）

森林総合研究所主任研究員。小笠原諸島の鳥類の保全と管理を研究。火山噴火中の西之島をフィールドのひとつとし、調査地が溶岩に没する希有な機会に恵まれた。火山の女神様、もう十分です。そろそろ収束させてください。おもな著書は『そもそも島に進化あり』（技術評論社）、『鳥類学者だからって、鳥が好きだと思うなよ。』（新潮社）ほか。

マンガ　マツダユカ

静岡県出身。武蔵野美術大学視覚伝達デザイン学科卒。在学中から鳥の生態をモチーフにしたイラストや漫画を制作。漫画に『ぢべたぐらし』（リブレ出版）、『きょうのスー』（双葉社）、『始祖鳥ちゃん』（芳文社）、『うずらのじかん』（実業之日本社）、絵本に『ハシビロコウのはっちゃん』（鈴木出版）などがある。

執筆　川上和人

P15, 17, 19, 21, 29, 31, 35, 51, 55, 57, 63, 65, 77, 83, 89, 95, 107, 109, 111, 121, 125, 141, 143, 145, 147, 155, 165, 169, 171, 175, 177, 183, 185, 187, 189

三上かつら（みかみ　かつら）

P23, 25, 27, 41, 49, 59, 61, 71, 73, 75, 79, 81, 85, 91, 93, 113, 117, 123, 127, 131, 133, 159, 163, 173, 179, 181

九州大学大学院でシジュウカラの浮気の研究をして博士（理学）を取得。ＮＰＯ法人バードリサーチ研究員。日本野鳥の会発行『Strix』副編集長。著書に『鳥の行動生態学』（分担執筆：京都大学学術出版会）がある。

川嶋隆義（かわしま　たかよし）

P33, 37, 39, 43, 45, 47, 67, 69, 97, 99, 101, 103, 115, 119, 129, 135, 137, 149, 151, 153, 157, 161

本を通して自然のおもしろさを伝えたいと生物、自然科学を専門に本の企画制作をするスタジオ・ポーキュパインを主宰。カメラマンとしても活躍中で、著書に『東京名木探訪』（技術評論社）などがある。

デザイン　室田 潤（細山田デザイン事務所）
編集協力　川嶋隆義・寒竹孝子（スタジオ・ポーキュパイン）

トリノトリビア
鳥類学者《ちょうるいがくしゃ》がこっそり教《おし》える野鳥《やちょう》のひみつ

2018年10月 5 日発行　第1版
2018年10月15日発行　第1版　第2刷

監修者　川上和人
著　者　川上和人、マツダユカ、三上かつら、川嶋隆義
発行者　若松和紀
発行所　株式会社 西東社
〒113-0034　東京都文京区湯島2-3-13
http://www.seitosha.co.jp/
営業　03-5800-3120
編集　03-5800-3121〔お問い合わせ用〕

※本書に記載のない内容のご質問や著者等の連絡先につきましては、お答えできかねます。

ISBN 978-4-7916-2783-7